大气科学研究与应用

（2015·1）

（第四十七期）

上海市气象科学研究所 编

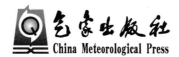

气象出版社

China Meteorological Press

图书在版编目(CIP)数据

大气科学研究与应用.2015.1/上海市气象科学研
究所编.—北京:气象出版社,2015.6
ISBN 978-7-5029-6133-6

Ⅰ.①大… Ⅱ.①上… Ⅲ.①大气科学-文集 Ⅳ.①P4-53

中国版本图书馆 CIP 数据核字(2015)第 097248 号

出版发行:气象出版社
地　　　址:北京市海淀区中关村南大街 46 号　　　邮政编码:100081
总　编　室:010-68407112　　　　　　　　　　　　发　行　部:010-68409198
网　　　址:http://www.qxcbs.com　　　　　　　　E-mail: qxcbs@cma.gov.cn
策划编辑:沈爱华　　　　　　　　　　　　　　　　终　　审:周诗健
责任编辑:蔺学东　　　　　　　　　　　　　　　　责任技编:吴庭芳
封面设计:刘　扬
印　　　刷:北京中新伟业印刷有限公司
开　　　本:787 mm×1092 mm　1/16　　　　　　　印　　张:8.5
字　　　数:220 千字
版　　　次:2015 年 6 月第 1 版　　　　　　　　　　印　　次:2015 年 6 月第 1 次印刷
定　　　价:25.00 元

本书如存在文字不清、漏印以及缺页、倒页、脱页等,请与本社发行部联系调换

前　言

　　《大气科学研究与应用》是由上海区域气象中心和上海市气象学会主办、上海市气象科学研究所编辑、气象出版社公开出版发行的大气科学系列图书。

　　自1991年创办以来,每年2本,至今共出版了47本,刊登各类文章600多篇,共约700多万字,文章的作者遍及于全国各地气象部门和相关大专院校,文章的内容几乎涵盖了大气科学领域的各个方面,以及和气象业务有关的一些应用技术。经过历届编审委员会的努力,《大气科学研究与应用》发展成为立足华东、面向全国,以发表大气科学理论在业务应用和实践中最新研究成果为主的气象学术书刊,在国内具有一定的知名度。作为广大气象科研和业务技术人员进行学术交流的园地,受到了华东地区乃至全国气象台站、气象研究部门和相关大专院校师生(包括港、台)的欢迎。

　　从2005年开始,根据各方面的意见,我们对本系列图书的封面和部分版式、内容进行适当的调整,例如在目录中不再划分成论文、技术报告和短论等栏目,而统一按文章的内容进行编排,使之更为符合本书刊所强调的理论研究与实际应用相结合的特色。

　　从2007年第2期(总第三十三期)起,《大气科学研究与应用》被《中国学术期刊网络出版总库》全文收录。

　　从2009年第1期(总第三十六期)起,《大气科学研究与应用》部分文章以彩色印刷出版。

　　与此同时,希望继续得到广大读者的关心和热情支持,对本系列图书存在不足和今后发展提出宝贵意见和建议,使《大气科学研究与应用》能更好地为广大气象科技工作者服务。

《大气科学研究与应用》第三届编审委员会

主编　徐一鸣

大气科学研究与应用

(2015·1)

目　录

台风影响极端事件风险分析 ……………………………………………………………
………………………………………………… 杨秋珍　徐　明　田　展(1)

上海中尺度大气模式(SMB—WARMS)海上风场预报检验 …………………………
………………………………………………… 朱智慧　蔡晓杰　曹　庆(18)

长三角地区一次梅雨期大暴雨个例研究 ………………………………………………
………………………………………………… 张德林　马雷鸣　陆佳麟 等(28)

一次包含多种对流天气的春季强对流过程分析 ………………………………………
………………………………………………… 严红梅　黄　艳　陆　韬 等(38)

台风"麦德姆"引发德安县特大暴雨临近预报分析 …………………………………
………………………………………………………………………… 叶民华(48)

基于智能手机的专业(决策)用户气象服务系统 ………………………………………
………………………………………………… 段项锁　支　星　李　科 等(56)

基于110报警气象灾情数据的宝山区气象灾害特征分析 ……………………………
………………………………………………………… 王蓓欣　徐　菁(67)

1959—2013年奉贤区气温的年平均和季平均变化特征及振荡周期分析 ……………
………………………………………………… 费　蕾　徐相明　顾品强 等(74)

上海崇明岛近地面臭氧浓度变化特征研究 ……………………………………………
………………………………………………… 顾凯华　顾　薇　高　伟(84)

金华市高温日数气候变化特征与大气环流特征 ………………………………………
………………………………………………………… 刘学华　黄　艳(92)

闽西北"五月寒"天气型及2011年"五月寒"成因分析 ………………………………
………………………………………………… 章达华　邝美清　邱赠东 等(100)

重庆万州烤烟种植气候生态适宜性规律分析 …………………………………………
………………………………………………………………………… 张国春(109)

台风"菲特"影响浙江义乌市的预报与服务评估 ……………………………………
………………………………………………… 赵贤产　符仙月　吴　波(116)

Contents

Risk Analysis of Tropical Cyclone Impacting Extreme Events ······································
·· YANG Qiuzhen   XU Ming   TIAN Zhan(1)

The Performance Verification of the Offshore Wind Forecast of Mesoscale Numerical Weather Model
SMB—WARMS ······································ ZHU Zhihui   CAI Xiaojie   CAO Qing(18)

Case Study on Torrential Rainfall in Yangtze River Delta Region during Meiyu Period ··············
·· ZHANG Delin   MA Leiming   LU Jialin   et al.(28)

Analysis of a Spring Thunderstorm Weather Process Including Some Kinds of Convective
Events ·· YAN Hongmei   HUANG Yan   LU Tao   et al.(38)

Nowcasting Analysis of Torrential Rain Arising from the Typhoon Matmo in De'an County ······
··· YE Minhua(48)

Meteorological Service System towards Professional (Decision Making) Users Based on Mobile Devices ···
·· DUAN Xiangsuo   ZHI Xing   LI Ke   et al.(56)

Analyses of Meteorological Disaster Features in Baoshan District of Shanghai ·······················
··· WANG Beixin   XU Jing(67)

Analysis on Variation Characteristics and Oscillation Period of Annual and Seasonal Mean
Temperature over Fengxian District in 1959—2013 ·······································
·· FEI Lei   XU Xiangming   GU Pinqiang   et al.(74)

A Study on the Variation Characteristics of Ground Ozone Levels on Chongming Island in
Shanghai ······································· GU Kaihua   GU Wei   GAO Wei(84)

Jinhua City Hot Wave Variation Features and Atmospheric Circulation ·······························
··· LIU Xuehua   HUANG Yan(92)

The "Cold May" Weather Pattern in Northwest Fujian and Its Causation Analysis in 2011 ·········
···························· ZHANG Dahua   KUANG Meiqing   QIU Zengdong   et al.(100)

Analysis on the Climate, Ecology, and Variation Regularity for Flue-cured Tobacco Cultivating
in Wanzhou of Chongqing ······································· ZHANG Guochun(109)

An Assessment of Typhoon Fitow Forecast and Service in Yiwu, Zhejiang Province ················
······································· ZHAO Xianchan   FU Xianyue   WU Bo(116)

台风影响极端事件风险分析

杨秋珍[1] 徐 明[1] 田 展[2]

(1 中国气象局上海台风研究所 上海 200030；2 上海市气候中心 上海 200030)

提 要

近年,极端天气气候事件影响频繁,给经济社会发展及人民生命财产造成严重负面影响,甚至引发巨灾。本文应用极值理论方法,分析了 1949—2013 年间影响上海台风事件的风险变化特征,讨论了基于概率分位点确定台风影响时间、极大风速、降雨总量的风险阈值、极端事件检测等;同时运用 R/S 分析方法,对影响上海台风极端事件风险长程变化趋势进行了讨论。主要结论:过去 65 年间极早台风影响上海风险先降后升、极晚影响事件风险呈上升趋势,这使得台风影响上海时段总体上有延长风险,但 R/S 分析下未来这种长程变化趋势继续维持的可能性并不大;过去 65 年间影响上海台风的降水极多年风险呈增加态势,且长期来看未来仍有可能继续维持;过去 65 年间极大风速≥27 m/s 台风影响极端大风事件发生概率总体上随时间演变存在一定程度的减少趋势,但未来可能反持续,从长程来看可能会增加,但 20 年 1 遇以上更长重现期的台风极端强风事件发生风险可能仍维持减少趋势。可见,未来防台风形势可能比以往更为严峻,要密切注意对台风洪涝、强风的应对。

关键词 台风影响 极端事件 极值分布 风险阈值

0 引 言

近年来,极端天气气候事件频发,其突发性和难以预测性,给经济社会发展及人民生命财产造成巨大损失[1,2]。了解极端气候事件变化,是当前气候变化监测、检测和预估研究的重要方面,对于气候变化影响评价和适应性对策研究也有裨益。

迄今有不少学者已对主要极端天气气候事件(包括极端气温、极端降水、极端干旱事件和热带气旋等)的强度、频率和趋势变化开展了研究,并形成了不少有价值的成果。关于台风(本文将热带气旋统称为台风)的研究目前主要集中于发生频率、强度和路径变化,且研究结论仍存在很多争议。虽然,近年来在强台风数量趋于增加,全球各地出现的台风严重影响事件增多的认识上有一致性,但从台风极端天气气候事件概念定义、阈值、事件检测、预估等角度进行研究的成果尚显不足[3]。切实推动这方面的研究,对了解台风极端天气气候事件的变化规律,采取相应的应对对策,无疑对防灾减灾有深远的现实意义。

资助项目:2012 年度上海市发改委节能能力建设资金重点项目(适应气候变化灾害风险管理)、国家重点基础研究发展计划(2015CB452806)。

作者简介:杨秋珍,女,1963 年生,上海人,高级工程师,从事台风影响评估方法研究。

　　研究极端天气气候事件,有必要首先明晰其概念。统计意义上,所谓极端天气气候事件应该是严重偏离平均态、出现概率很小、不易发生的事件[4]。Beniston 等简单归纳了常用的定义极端事件的 3 种标准:①事件发生的频率相对较低;②事件有相对较大或较小的强度值;③事件导致了严重的社会经济损失[5]。将一定时空尺度某个异常天气或气候变量值高于(或低于)该变量观测值区间的上限(或下限)端附近某阈值的事件,称为极端天气气候事件[6-8]。对于极端天气气候事件检测,目前国际上最常见的是阈值识别法[4,9,10]。对于极端值阈值的选取,目前主要有两种方法,即绝对极值和相对极值,本文主要讨论后者。极端事件的相对阈值一般都以某个百分位值极值来表达[11]。但具体确定与计算阈值方法又各不相同。TAR 和 AR4 从概率分布的角度定义极端天气事件为发生概率只占该类天气现象的 10% 或者更低的天气气候事件[3,12]。另外,也有取序列的95%、97.5%、99%百分位作为极端事件划分阈值[9]。

　　鉴于极端事件为尾部事件,有强烈的非线性特征,本文认为,阈值的确定应该充分考虑其概率分布的影响,这样会比基于线性假设的百分位阈值筛选极端事件更趋于合理。为此,本文将以上海为例,着重讨论台风影响日期和风雨极端事件检测及其演变特征等方面的问题。

1　资料说明

1.1　资料来源

　　本文所用上海地区台风影响资料采用气象出版社出版的 1949 以来《台风年鉴》与《热带气旋年鉴》整编资料中提供的龙华(或徐家汇)、南汇、青浦、崇明 4 个测站的过程极大风速、过程降水量总量和值,同时参考了科学出版社 2006 年出版的《中国热带气旋气候图集》。为避免遗漏,本文还考虑了上海其他区(县)局测站的台风影响资料,即当上海陆域任一测站达到影响标准就算一次。由于过去年鉴资料处理时把同时出现的双台风或三台风分别重复统计过程风雨资料,这使得概率计算时会增加相应级别的台风风险、同时增加年影响台风降水总量值。所以从计算的合理性出发,本文对多台风共同影响期间风雨资料是按实际影响日期计算为一次风雨影响过程,不再重复计算。

1.2　处理方法

　　(1)影响上海的台风指满足下面条件之一的台风:

　　①过程降水量≥50 mm;

　　②最大 10 min 平均风速≥7 级(或阵风≥8 级);

　　③过程降水量≥30 mm,同时最大 10 min 平均风速≥6 级(或阵风≥7 级)。

　　(2)资料处理

　　挑选出符合上述条件的出现于上海陆地的台风,统计每一影响个例的强度、影响上海日期、影响过程降水量、过程极大风速等,求取区域最大值、总和、平均、影响年频数等。

　　(3)本文将符合上述影响标准的影响台风每次影响上海的起始日定为影响时间。

　　(4)选用了 1949—2013 年间的资料进行分析。

2 极端事件的确定与检验方法[13-21]

2.1 台风影响极端事件的确定

（1）定义及分析

目前，极端事件统计主要计算方法有 3 种：①采用经验公式计算某个百分位值作为极端事件的阈值；②累积频率法；③针对不同气候要素采用不同分布型的边缘值来确定阈值。

台风影响极端事件尚缺乏正式定义。考虑到极端事件为尾部事件，具非线性特征，所以若充分考虑其概率分布特征来确定阈值、筛选极端事件可能更趋于合理。

这里假设 X 为某地台风影响事件某影响指标的样本序列（如台风影响时间、降水量、极大风速等），$F(x)$ 为台风影响事件某指标 X 不超过 x 的累积概率分布函数（CDF），以 X 取值小于等于任意实数 x 的概率 $P(X \leqslant x)$ 来表示，即令：

$$F(x) = P\{X \leqslant x\} = \begin{cases} \sum_{x_i \leqslant x} P_i & \text{离散型} \\ \int_{-\infty}^{x} f(t)\,\mathrm{d}t & \text{连续型 } X \\ & -\infty < x < \infty \end{cases} \tag{1}$$

可得超越概率分布函数：

$$P(x) = P(X \geqslant x) = 1 - F(x) \tag{2}$$

本文统一以 $F(x)$ 作为台风影响指标风险衡量标准。取 $F(x) > 90\%$ 分位点为高于上限极端事件，$F(x) < 10\%$ 为低于下限极端事件。

这里台风影响因子 X 的概率分布函数 $F(x)$ 的具体概型选用是关键。须根据其实际分布通过特征参数估计来决定，虽然正态分布、对数正态分布、Γ 分布、ß 分布是描述概率分布最为常用的模型，但考虑到台风影响因子的非线性特征，本文主要采用经典极值分布（Weibull、Gumbel、Frechet）、广义极值分布（GEV）、广义帕累托分布（GPD）、广义种群增长模型（RICH）等拟合台风影响因子的有偏分布：

广义极值分布（GEV）：

$$F(x) = \exp\left\{ -\left[1 + \xi\left(\frac{x - \mu}{\alpha} \right) \right]^{-\frac{1}{\xi}} \right\} \tag{3}$$

式中：μ, α, ξ 分别是位置参数、尺度参数和形状参数。$-\infty < \mu < \infty, \alpha > 0, -\infty < \xi < \infty, \left\{ x : 1 + \xi\left(\frac{x - \mu}{\alpha} \right) > 0 \right\}$。当 $\xi \to 0$，$F(x)$ 为极值 I 型（Gumbel 分布）；当 $\xi > 0$ 时，$F(x)$ 为极值 II 型（Frechet 分布）；当 $\xi < 0$ 时，$F(x)$ 为极值 III 型（Weibull 分布）。

广义帕累托分布（GPD）：

$$F(x) = 1 - \left(1 - k\frac{x - \theta}{\beta} \right)^{-\frac{1}{k}}, k \neq 0, \theta \leqslant x \leqslant \frac{\beta}{k} \tag{4}$$

式中：Q 为位置参数，R 为形状参数，β 为尺度参数。

广义种群增长模型（Richard）：

$$F(x) = \frac{c}{\left[1 + e^{(a - bx)} \right]^{\frac{1}{\xi}}} \tag{5}$$

式中:c 为与终值有关的参数,a 为与初值有关的参数,b 为与变化速率有关的参数,ξ 为决定曲线陡缓的参数。

考虑到每年台风影响次数和产生风雨的随机性(有的年份有多次台风影响,有的年份却没有),可用复合年极值分布模型表征影响风险特征:

$$G(x) = \sum_{k=0}^{\infty} P_k [F(x)]^k \tag{6}$$

式中:P_k 为每年台风影响频次相应概率,可用泊松(Poisson)分布、二项分布、负二项分布等进行描述。若 P_k 为泊松分布,则:

$$P_k = e^{-\lambda} \frac{\lambda^k}{k!} \tag{7}$$

式中:λ 表示平均每年台风影响的次数。

另外,在分析不同年代台风影响事件风险演变特征时,由于实测影响样本较少,为了避免对风险估值不确定性的影响,借鉴了适于处理小样本资料的信息扩散风险估算模型,使单值样本变为集值样本,以增加各年代的样本容量。若影响台风事件各影响因子论域为:

$$U = \{u_1, u_2, \cdots, u_n\} \tag{8}$$

按照下式,一个单值观测样本 Y_j 可以将其所携带的信息分配给 U 中的所有点:

$$f_j(u_i) = \frac{1}{h \sqrt{2\pi}} \exp\left[-\frac{(y_i - u_i)^2}{2 h^2}\right] \tag{9}$$

式中:h 为扩散系数,可根据样本集合中样本的最大值 b、最小值 a 和样本个数 m 来确定。

以上分布参数估计主要采用矩法、极大似然法、LS 估计等得到。

(2)模型适度检验评价方法

拟合优度评价指标是选择分布模型的一个重要标准,本文中评价理论分布对实际观测值的拟合效果优劣采用了 Kolmogorov-Smirnov (K−S)检验方法,其统计量 d_n 为:

$$d_n = \max_{1 \leqslant i \leqslant n} \left\{ \left| F(x_i) - \frac{m(i)}{n} \right| \right\} \tag{10}$$

式中:d_n 为经验分布函数与理论分布函数样本点上的偏差中的最大值;$m(i)$ 为观测值样本中满足条件 $x \leqslant x_i$ 观测值的个数。若 n 很大,则 $d_n \sqrt{n}$ 近似地服从分布 $\theta_n(\lambda)$,λ_a 为信度 α 下满足 $\theta(\lambda_a) = 1 - \alpha$ 的临界值,若 $d_n \sqrt{n} < \lambda_a$ 则接受原假设,即理论分布函数与经验分布函数无差异。

2.2　极端事件演变趋势分析方法[22−25]

本文将 Spearman 秩次相关分析与重标度极差分析法(R/S 方法)相结合,用以检测台风影响序列的时间演变趋势并对未来变化趋势做出大致判断。

(1)Spearman 秩次相关及检验方法

如果用 R_i 表示 X_i 在 $X_1, \cdots, X_n$ 中的秩,S_i 表示 Y_i 在 $Y_1, \cdots, Y_n$ 中的秩,用秩相关系数 r_s 作为度量两个变量的相关性,得:

$$r_s = \frac{\sum_{i=1}^{n} (R_i - \overline{R})(S_i - \overline{S})}{\sqrt{\sum_{i=1}^{n} (R_i - \overline{R})^2 \sum_{i=1}^{n} (S_i - \overline{S})^2}} \tag{11}$$

若 Spearman 秩相关系数检验临界值为 c_a,则在零假设下满足 $P=(r_s \geqslant c_a)=\alpha$ 与 $P=(r_s \leqslant -c_a)=\alpha$ 是小概率事件,若 $r_s \geqslant c_a$ 则认为 X 与 Y 正相关;若 $r_s \leqslant -c_a$ 则认为 X 与 Y 负相关;否则认为 X 与 Y 相互独立。

(2)重标度极差分析法(R/S 分析方法)

非线性科学中分形理论(即标度不变性)可以揭示系统动力学结构特征的变化,其重要的定量化指标是标度指数。台风影响事件在时间轴上变化表现为随机游动不连续的点分布,是一种不规整运动,可采用 R/S 方法来分析台风影响事件时间变化趋势。R/S 分析是 Hurst 于 1965 年提出的一种时间序列统计方法,在分形理论中有着重要的地位。R/S 分析方法的基本原理:

考虑一个时间序列 $\{x(t)\}$,$t=1,2,\cdots,n$,对于任意正整数 $\tau \geqslant 1$,定义均值序列:

$$X_{\tau} = \frac{1}{\tau} \sum_{t}^{\tau} X(t), \tau = 1, 2, \cdots, n \qquad (12)$$

累积离差定义:

$$X(t,\tau) = \sum_{k=1}^{t} (x(k) - x_{\tau}), 1 \leqslant t \leqslant \tau \qquad (13)$$

极差 R 定义:

$$R(\tau) = \max_{1 \leqslant t \leqslant \tau} X(t,\tau) - \min_{1 \leqslant t \leqslant \tau} X(t,\tau), \tau = 1, 2, \cdots, n \qquad (14)$$

标准差 S 定义:

$$S(\tau) = \left[\frac{1}{\tau} \sum_{t=1}^{\tau} (x(t) - x_{\tau})^2 \right]^{\frac{1}{2}}, \tau = 1, 2, \cdots, n \qquad (15)$$

对比值 $\frac{R(\tau)}{S(\tau)} \equiv \frac{R}{S}$,如果存在如下关系:$\frac{R}{S} \propto \tau^H$,则说明时间序列 $\{x(t)\}$,$t=1,2,\cdots,n$,存在 Hurst 现象。

一维分式布朗运动的 Hurst 指数 $H(0<H<1)$ 与分形维数 D_0 有如下关系:

$$D_0 = 2 - H \qquad (16)$$

式中:H 表示 Hurst 指数。

分形维数 D_0 表示运动轨迹的运动激烈程度和不平滑性,对于常见的一维布朗运动函数,随着 H 值的逐渐减小,D_0 值逐渐增大,其运动轨迹的平滑程度就越来越差,变化越来越激烈。对于不同的 H,意味着序列有不同的趋势变化,根据 H 的大小可判断时间序列趋势成分是持续性(persistence),还是反持续性(anti-persistence):

①$H<0.5$,意味着未来的总体变化趋势与过去相反,即过程具有反持续性(anti-persistence)。H 越接近 0,反持续性越强,如果过去是增加的趋势则预示着未来将是减少的趋势,过去的减少趋势预示着未来的增加趋势。

②$H=0.5$,即表明序列各项指标相互独立、没有依赖,即序列是一个随机过程,未来有不确定性。

③$H>0.5$,表示未来的变化趋势将与过去保持一致,即过程具有持续性(persistence),H 越大持续性越强。

2.3 本文涉及的基本特征参数[15-17]

(1)q 阶原点矩

$$A_q = \frac{1}{n}\sum_{i=1}^{n} X_i^q \tag{17}$$

(2)q 阶中心矩

$$B_q = \frac{1}{n}\sum_{i=1}^{n} (X_i - \overline{X})^q \tag{18}$$

式中:$\overline{X}$ 为一阶原点矩(也即样本均值),而二阶中心矩即为样本方差 S^2(S 即标准差)。

(3)变异系数

$$C_v = \frac{S}{\overline{X}} \times 100\% \tag{19}$$

(4)偏度

$$Skew = \frac{n}{(n-1)(n-2)}\sum_{i=1}^{n}\left(\frac{x_i - \overline{x}}{s}\right)^3 \tag{20}$$

用以描述变量以平均值为中心的分布不对称程度。

(5)峰度

$$Kurt = \left\{\frac{n(n+1)}{(n-1)(n-2)(n-3)}\sum_{i=1}^{n}(\frac{x_i - \overline{x}}{s})^4\right\} - \frac{3(n-1)^2}{(n-2)(n-3)} \tag{21}$$

用以描述某变量分布形态与正态分布相比较的陡缓程度。

3　结果分析

3.1　台风影响上海日期的概率变化

(1)台风影响上海日期统计特征

1949—2013 年间,影响上海台风都发生在 5 月 18 日至 10 月 23 日期间,最早与最晚相差 158 天,平均影响日期为 8 月 19 日,标准差 30.7 天,总体变异系数 21.8%。平均日期的正负 0.5 个标准差日期为 8 月 4 日、9 月 3 日,平均日期的正负 1 个标准差日期为 7 月 19 日、9 月 19 日,平均日期的正负 1.5 个标准差日期为 7 月 4 日、10 月 4 日。影响日期的峰度系数为 0.429、偏度系数为 -0.49,表明其分布是比正态分布稍陡峭的左偏分布。

根据统计结果(图 1),台风影响上海的日期多集中在 7 月 26 日至 9 月 20 日,期间影响占 70%。尤其在 7 月 26 日至 8 月 10 日、8 月 16 日至 8 月 24 日、8 月 30 日至 9 月 2 日、9 月 5 日至 9 月 7 日、9 月 10 日至 9 月 16 日,这几个时间段影响事件占总数的 55% 以上。

(2)台风影响时间分布概型及风险阈值确定

经多种备选概型对 1949—2013 年间上海地区台风的影响日期概率分布的拟合优度及 K-S 检验结果比较,模拟结果最佳的是广义种群增长模型,理论值与实际值相关系数为 0.9979,最大 $d_n = 0.035$,最大 $d_n\sqrt{n} = 0.4227$($n = 146$),通过了检验。从图 2 可见,广义种群增长模型能够很好地模拟实际影响日期的概率分布,说明用该模型表达影响日期早晚是合理的。

根据广义种群增长模型计算出相应于不同 $F(x)$ 分位值的日期即各级风险阈值,见表 1。并取早于 $F(x) = 0.1$ 分位阈值(7 月 8 日)为极端早事件、晚于 $F(x) = 0.9$ 分位阈值(9 月 25 日)为极端晚事件。

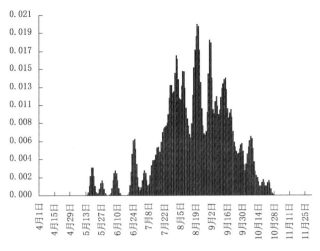

图 1　不同日期遭受台风影响的概率

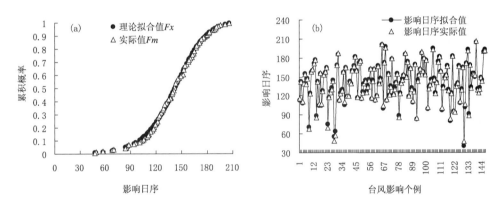

图 2　广义种群增长模型对台风实际影响日期概率分布的拟合效果(a)累积概率;(b)影响日序

表 1　台风影响上海日期的不同风险水平阈值(1949—2013 年)

$F(x)$	广义种群模型确定的影响日期阈值	信息扩散方法确定的影响日期阈值
0.01	5 月 18 日	5 月 18 日
0.05	6 月 23 日	6 月 24 日
0.1	7 月 8 日	7 月 12 日
0.25	7 月 30 日	7 月 30 日
0.5	8 月 20 日	8 月 19 日
0.75	9 月 8 日	9 月 9 日
0.9	9 月 25 日	9 月 25 日
0.95	10 月 5 日	10 月 5 日
0.99	10 月 19 日	10 月 17 日

(3)影响极端偏早、偏晚事件确定及风险时间变化

为揭示各年代台风影响日期极端事件的概率变化,也为与广义种群增长模型计算的结果相比较,同时采用信息扩散方法建立了 1949—2013 年影响日期概率分布,求得对应于 $F(x)$ 各分位点的日期阈值,并将早于 $F(x)=0.1$ 分位点日期(7 月 12 日)定为极端早事件,晚于 $F(x)=0.9$ 分位点日期(9 月 25 日)定为极端晚事件(并将早于 $F(x)=0.25$

影响日期 7 月 30 日定为偏早事件,晚于 $F(x)=0.75$ 影响日期 9 月 9 日定为偏晚事件)。由表 2 中结果可见,两类方法确定的各级风险影响日期阈值大体一致。然后按极端事件阈值日期统计了极早、极晚影响事件及出现年份(表 2)。1949—2013 年间共有 13 个影响极早年(其中 $F(x)<5\%$ 分位点阈值的极早年份为 1955、1960、1961、1990、2001、2006 年; $F(x)<1\%$ 分位点阈值的极早年份仅 2006 年);也有 14 个 $F(x)>90\%$ 分位点日期阈值的影响极端晚年(其中 $>95\%$ 分位点阈值的极晚年份为 1979、1980、1990、1994、2007、2010、2013 年, $>99\%$ 分位点阈值的极晚年份为 1979、2010 年);同时发现有 5 年同时出现了极早、极晚影响事件(表 2),使得这几年台风影响季节较其他年份显著拉长。

表 2　极早、极晚影响事件同时出现年份及影响个例

出现年份	极早个例	极晚个例
1961	6103*(5 月 19 日)、6104(5 月 27 日)	6126(10 月 4 日)
1985	8504(6 月 25 日)	8519(10 月 4 日)
1990	9005(6 月 24 日)	9022(10 月 6 日)
1994	9406(7 月 11 日)	9430(10 月 10 日)
2001	0102(6 月 23 日)	0119(9 月 30 日)

注:* 为影响事件编号,余同。

　　根据不同年代影响日期的概率分布(图略),得到极早、极晚事件风险概率的时间变化,总体而言,早事件出现风险概率随时间先降后升,晚事件出现风险概率有增加(图 3,图 4)。

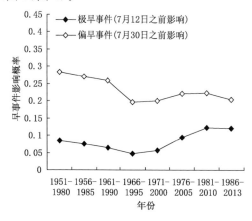

图 3　不同年代偏早、极早事件概率变化

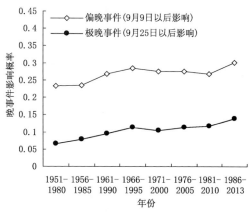

图 4　不同年代偏晚、极晚事件概率变化

　　各年代极早、极晚事件阈值日期计算结果显示:早于 $F(x)=10\%$ 分位阈值的极早事件影响日期先延后、后提前;而晚于 $F(x)=90\%$ 分位阈值的极晚事件影响日期随年代逐步延后(图 5,图 6)。极早事件影响日期比常年提前、极晚事件影响日期比常年推迟,其结果使得可能受台风影响的季节有所延长。特别是秋季最晚台风影响时间后延、晚台风有增加的趋势。晚台风易与冷空气结合,造成大强度降水。2013 年出现的 1323 号台风"菲特"影响就是一次典型的极晚影响事件,并带来了强降水事件,导致上海地区数天积水受淹,各行业生产、人民生活普遍受影响。据统计,10 月 6—8 日上海全市共有 9 个自动气

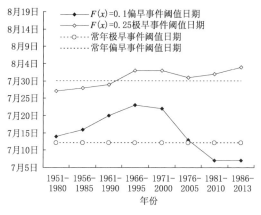 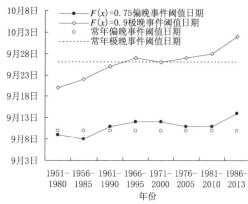

图5　各年代偏早、极早事件阈值日期　　　图6　各年代偏晚、极晚事件阈值日期

象站降水量超过300.0 mm,其中最大降水量为382.1 mm(松江工业区站),上海市(11个标准气象站平均)平均降水量为228.4 mm,7日20时至8日20时,上海市平均日降水量达到160.0 mm,打破1961年以来全市平均日降水量历史记录(1963年9月13日,142.0 mm)。由于雨量大、持续时间长、降雨范围广,加之正值天文高潮位影响城市排水,台风"菲特"造成全市1177条段道路积水,下立交积水109处,居民小区积水900余处,居民和商铺进水10万余户,12.1万人受灾,2人死亡,倒塌房屋27间,紧急转移安置9904人,直接经济损失3.7亿元。

(4)极早、极晚影响事件演变趋势的R/S分析

统计了不同年代际影响日期早于10%分位点或晚于90%分位点的极端事件年均频数,结果表明,过去各年代极早、极晚事件总体存在增多的趋势(表3),与年代线性相关系数为0.368和0.89。

表3　各年代极早、极晚事件频数

年代	极端早事件年均频数	极端晚事件年均频数
1949—1959	0.18	0.00
1960—1969	0.30	0.20
1970—1979	0.00	0.10
1980—1989	0.10	0.30
1990—1999	0.20	0.40
2000—2013	0.43	0.36

用R/S分析方法对极早、极晚影响事件演变趋势进行分析。由极端早事件频次时间序列$R(i)/S(i)$与i的关系,计算得到极端早事件的H指数为0.2353<0.5,这说明未来极早事件变化过程与过去有反持续性,虽过去有增多趋势,但未来继续增多的可能性不大。

同样,运用R/S方法分析了影响极端晚事件长程变化趋势,计算得$H=0.4422<0.5$,说明未来极端晚事件频次变化可能与过去呈相反的趋势,即从长期来看,极端晚事件继续增多可能性也不大。

3.2　影响台风极端大风的风险变化

(1)影响台风极大风速基本统计特征

根据年鉴采用的4站资料,统计得1949—2013年间影响上海地区台风过程极大风速

≥17 m/s 的大风总共出现 98 次,年均 1.51 次。影响台风大风个例平均过程极大风速为 21.3 m/s,最大、最小风速变化范围为 17.5～33 m/s,其峰度与偏度系数均大于 0,表明其概率密度分布的中心位置比正态分布偏右、峰度略比正态分布高。

选取每年影响上海台风大风过程极大风速中的最大值为过程极大风速年极大值。65 年间共有 51 年遭遇台风大风影响,即有台风大风影响的年份占 78.5%。从表 4 看出,其基本分布统计特征为:台风大风过程极大风速年平均极大值为 22.7 m/s,变异系数为 18%,其概率密度分布的中心位置比正态分布稍偏右且峰度要低。

上述台风大风数据的变异系数均不到 20%,说明数据点尚比较集中,离散程度不高。

表 4　台风影响过程极大风速≥17 m/s 个例及年极值的统计特征

特征参数	影响个例极大风速	极大风速的年极大值
平均值(m/s)	21.3	22.7
中位数(m/s)	20.0	21.4
众数(m/s)	17.5	19.0
标准差	3.65	4.04
变异系数	0.17	0.18
峰度	0.12	−0.75
偏度	0.96	0.49
最小值(m/s)	17.5	17.5
最大值(m/s)	33.0	33.0
样本数	98	51

(2)影响台风极大风速分布模型及风险阈值确定

首先,对多种备选概率分布模型拟合影响上海台风过程极大风速的结果,应用 K-S 测验、拟合优度检验方法进行筛选,发现 GEV 模型适于拟合影响上海地区台风的过程极大风速概率分布。由于拟合所得的 GEV 模型形状参数 $\xi < 0$,说明极值Ⅲ型分布适合描述影响上海地区台风过程极大风速概率分布,模型对实际分布的拟合相关系数 0.9941,$\max(d_n) = 0.0736$,$\max(d_n)\sqrt{n} = 0.7281$,拟合相对偏差 1.86%,拟合绝对偏差 0.41 m/s。

为了充分利用已有样本信息,以得到更客观合理的结果,采用复合年极值模型求取台风极端大风阈值。即根据式(6)计算出相应于不同 $G(x)$ 风险水平下的极大风速值 $G^{-1}(x)$,得到 $G(x) = 0.9$(相当于 10 年 1 遇)的台风大风过程年极大风速阈值为 27.4 m/s,$G(x) = 0.99$(百年 1 遇)台风大风过程年极大风速阈值为 34.1 m/s(表 5)。以 $G(x) = 0.9$ 的分位阈值 $G^{-1}(x)$ 作为挑选极端大风事件的临界值。表 5 给出了 $G(x) = 0.9$(10 年 1 遇)、$G(x) = 0.95$(20 年 1 遇)、$G(x) = 0.99$(100 年 1 遇)的极大风速阈值 $G^{-1}(x)$。

表 5　$G(x) = 0.9$ 以上台风年极大风极端事件阈值

$G(x)$	$G^{-1}(x)$(m/s)
0.9	27.4
0.95	29.5
0.99	34.1

（3）影响上海台风极端大风风速风险演变

1）应用信息扩散方法分析不同年代台风影响极端大风风险演变

采用信息扩散法分析极端大风风险年代演变特点。从 10 年滑动风险距平计算结果看出，10 年 1 遇以上各级极端大风发生风险变化均呈波动式下降趋势（图 7）。其中在 1951—1969 年、1970—1995 年极端大风发生风险偏高，而 1962—1978 年、1997 年以来发生风险偏低。

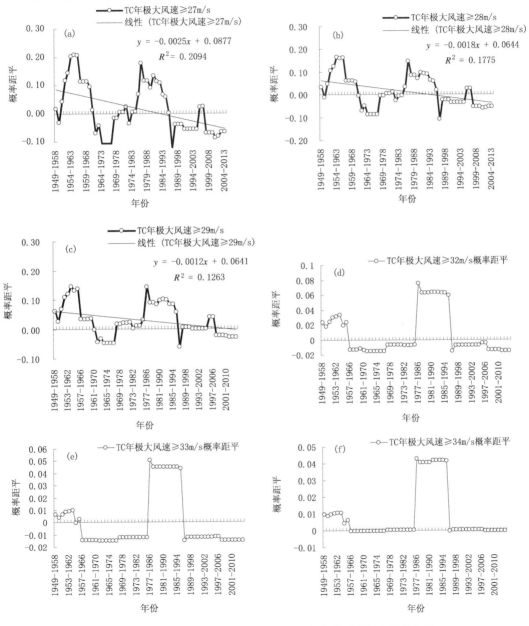

图 7　重现期 10 年 1 遇以上极端大风 10 年滑动风险概率距平变化

（a）台风年极大风速 $V_{\max} \geqslant 27$ m/s；（b）$V_{\max} \geqslant 28$ m/s；（c）$V_{\max} \geqslant 29$ m/s；

（d）$V_{\max} \geqslant 32$ m/s；（e）$V_{\max} \geqslant 33$ m/s；（f）$V_{\max} \geqslant 34$ m/s

2)运用 R/S 法分析未来台风影响极端大风事件风险演变趋势

根据 4 站资料计算所得到的 10 年 1 遇以上极大风速事件阈值,统计得到极端强风事件的年频次。1949—2013 年共发生了极大风速 ≥27 m/s 极端大风事件 11 次(发生年份见图 8,图 9)。其中,风速≥28 m/s 的极端强风事件共 8 次,风速≥29 m/s 的极端强风事件共 4 次,风速≥30 m/s 的极端强风事件共 2 次(1956 年 30.5 m/s、1986 年 33 m/s)。

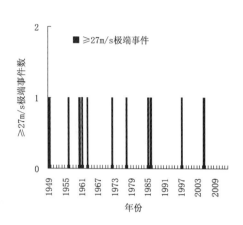
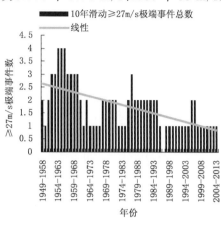

图 8　10 年 1 遇以上极端强风事件发生年表　　图 9　10 年滑动极端强风事件总数的时间演变

用 10 年滑动方法统计极端强风事件发生总和的时间演变,发现其随时间增加呈减少趋势,可用 $y=-0.0327x+2.6812$ 表示,相关系数为 -0.5925。

采用 Spearman 秩次相关非参数趋势分析法和滑动平均的方法,对过去的变化趋势一致性进行分析和验证。经计算,1949—2013 年间影响上海台风的过程极大风速≥27 m/s 台风影响极端大风事件随时间变化的 Spearman 秩相关系数为 -0.1595(通过 $\alpha=0.1$ 显著性水平检验,但未通过 $\alpha=0.05$ 显著性水平检验),说明过去 65 年间极大风速≥27 m/s 台风影响极端大风事件发生概率总数总体上随时间演变存在一定程度的减少趋势,其置信度为 90%。

应用 R/S 分析方法,对未来极端大风事件长期风险总体演化趋势进行初步分析,得到 $H=0.4458<0.5$,说明在 R/S 分析下,未来台风影响极端大风事件发生风险具反持续性,即可能与过去减少趋势相反,呈现增加态势;但 20 年 1 遇以上的更强极端大风事件发生风险可能仍维持减少趋势(表 6)。

表 6　台风影响极端大风事件发生风险变化趋势的 R/S 分析结果

极大风速	赫斯特指数(H)	未来风险可能趋势变化
≥27 m/s	$0.4458<0.5$	反减少趋势,风险可能增加
≥28 m/s	$0.4778<0.5$	反减少趋势,风险可能增加
≥29 m/s	$0.7418>0.5$	保持原有趋势,维持风险减少

3.3　影响上海台风降水的风险变化

(1)影响上海台风年降水基本统计特征

按龙华(或徐家汇)、南汇、青浦、崇明 4 站台风年降水量总和不同量级截取样本(表 7),它们的年平均值均在 400 mm 以上,都为正偏分布,年际间变异系数达到 50% 以上。

有 51 年 4 站台风年降水总和超过 100 mm,也有 13 年 4 站台风年降水总和不足 50 mm、8 年不足 10 mm(有的年份甚至没有台风降水)。4 站台风年降水量总和最大值达 1444 mm,出现在 1985 年。

表7 4 站年降水总和不同量级样本的基本统计特征

特征参数	全部	年降水总和≥10 mm	年降水总和≥50 mm	年降水总和≥100 mm
平均值(mm)	404.3	461.0	502.2	511.0
中位数(mm)	304	360	398	412
标准差(mm)	368.2	358.1	348.1	345.6
变异系数	0.91	0.78	0.698	0.68
峰度	0.17	0.07	0.02	0.01
偏度	0.97	0.93	0.93	0.94
最小值(mm)	0	10	53	110
最大值(mm)	1444	1444	1444	1444
样本数	65	57	52	51

(2) 4 站影响台风年降水总和分布概型及风险阈值确定

通过合理的参数估计方法建立多种备选概率分布模型,根据对 1949—2013 年影响上海台风 4 站年降水量总和的拟合结果,运用 K－S 检验方法进行筛选,发现 GEV 中的极值Ⅱ型(Frechet 分布)、广义种群模型、耿贝尔模型均适于拟合影响上海地区台风的 4 站年降水总和概率分布。

从表 8 中各项拟合指标看出,3 类模型都能够很好地描述出 4 站台风年降水总和的概率分布,所以采用上述分布概型表示影响上海台风的 4 站台风年降水总和分布均是合理的。相比之下,广义种群模型对 $F(x)>0.75$ 高分位降水的拟合效果更佳。

表8 三种模型拟合结果

	GEV	广义种群 R	Gumbel
拟合相关系数	0.9935	0.9943	0.9932
$\max(d_n)$	0.0670	0.0625	0.0621
$\max(d_n)\sqrt{n}$	0.5403	0.5040	0.5003
对 $F(x)>0.25$ 降水拟合相对偏差(%)	9.6795	9.6280	8.6088
对 $F(x)>0.5$ 降水拟合相对偏差(%)	6.4471	6.0140	5.9200
对 $F(x)>0.75$ 降水拟合相对偏差(%)	5.3982	4.9727	6.9474
对 $F(x)>0.9$ 降水拟合相对偏差(%)	4.2030	3.5778	4.9363
对 $F(x)>0.95$ 降水拟合相对偏差(%)	3.9847	2.4060	4.5171
年降水总和最大拟合值(实际值)(mm)	1541.5(1444)	1472.3(1444)	1554.1(1444)

用三类概型求取不同 $F(X)$ 各分位点的降水风险阈值,并取它们的平均阈值作为各类降水年分类标准(表 9),即 $F(X)>0.75$ 降水量阈值 618.7 mm 的年份为偏多年,得到偏多年有 16 年;$F(X)>0.9$ 降水量阈值 943.5 mm 的年份为极多年,得到极多年有 8 年(1960、1977、1985、1990、2000、2001、2005、2007 年),其中 1985 年 1444 mm 为历年最大,

2005 年 1347 mm 为次大;$F(X)<0.25$ 降水量阈值的年份为偏少年的有 14 年。

表 9   各类分布概型的不同分位点降水阈值(mm)

不同分位点降水阈值	GED	广义种群 R	G	平均
$F(X)=0.25$ 降水量阈值	95.6	91.6	99.7	95.6
$F(X)=0.5$ 降水量阈值	332.1	328.4	323.3	327.9
$F(X)=0.75$ 降水量阈值	624.5	624.8	607.0	618.7
$F(X)=0.9$ 降水量阈值	948.3	951.3	931.0	943.5
$F(X)=0.95$ 降水量阈值	1173.8	1168.7	1163.2	1168.6
$F(X)=0.99$ 降水量阈值	1665.1	1551.2	1689.0	1635.1

(3)4 站年降水总和时间变化趋势分析

4 站年降水总和时间变化总体为增加趋势,可用 $R=274.41+3.9355t$ 进行描述(t 为时间,以年为单位),平均每年增加 3.9 mm,两者秩相关系数为 $r_s=0.2209$。经查秩相关系数检验临界值表,当 $n=65,\alpha=0.05$ 时,$c_\alpha=0.206,r_s \geqslant c_\alpha$。因为在零假设下满足 $P=(r_s \geqslant c_\alpha)=\alpha$ 是小于 0.05 的小概率事件,所以 X 与 Y 正相关(通过 95% 置信度测验)。这说明 1949—2013 年间 4 站年降水总和随时间存在一定增加的趋势,在统计意义上是显著的。

计算表明,1949—2013 年间 4 站年降水总和大于 0.75 分位点的偏多年频率呈上升趋势,其中大于 0.9 分位点极多年进入 2000 年以后显著增多(图 10,图 11);而小于 0.25 分位点偏少年出现频率呈下降趋势(图 12)。

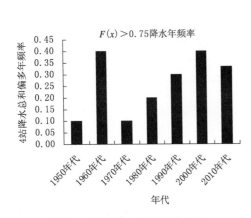

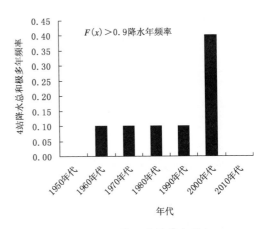

图 10   各年代 4 站年降水总和   图 11   各年代 4 站年降水总和
           偏多年出现频率   极多年出现频率

仍采用秩相关与 R/S 方法结合对未来 4 站年降水总和长期趋势进行初步分析。计算表明,$F(x) \geqslant 0.9$ 的降水极多年、$F(x) \leqslant 0.25$ 的降水偏少年随时间变化的秩相关通过 90% 置信度测验(当 $n=65,\alpha=0.1$ 时,$c_\alpha=0.161$),即降水总和极多年过去存在增加趋势,而偏少年过去存在减少趋势。

此外,本文计算了降水偏多年、极多年、偏少年的 H 指数。发现极多年 $H>0.5$,偏多

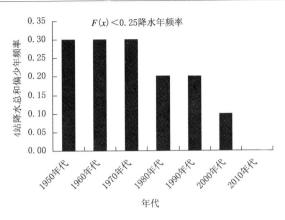

图12　各年代4站年降水总和偏少年出现频率

年与偏少年 $H<0.5$。这说明从长期而言，未来降水极多年可能仍将保持之前的增加趋势，偏多年未来可能转向减少趋势，偏少年未来可能转向增加趋势（表10）。尽管这仅是统计意义上的推断，但对于未来台风极端降水年维持增多的趋势，还是值得加以提防的。

表10　4站年降水总和时间变化趋势 R/S 分析结果

	秩相关系数	H 指数	结论
$F_{(x)}\geqslant0.75$ 年份	$0.1275<c_a$	$0.2446<0.5$	过去至今为增加趋势，未来可能转向减少趋势
$F_{(x)}\geqslant0.9$ 年份	$0.1922>c_a$	$0.5104>0.5$	过去至今为增加趋势，未来保持增加趋势
$F_{(x)}\leqslant0.25$ 年份	$-0.1855>c_a$	$0.3986<0.5$	过去至今为减少趋势，未来可能转向增加趋势

4　结论与讨论

以极值分布概率分析为基础，确定了台风影响时间、风雨极端事件的阈值及检测极端事件发生概率。运用秩次相关与重标度极差分析相结合的方法，对影响上海台风极端事件发生风险变化趋势做初步分析发现：

①过去65年间，上海极早、极晚台风影响事件，特别是秋季最晚台风影响时间后延、晚台风风险有增加的趋势，使得台风影响上海时段有延长的趋势，但 R/S 分析下，未来极早、极晚影响事件风险长期维持增多的可能性并不大。

②R/S 分析下，未来台风极端强风事件出现可能性增加的长期趋势存在，但重现期更长（20年1遇以上）、强度更大的台风极端强风事件发生风险可能仍维持减少趋势。

③过去65年间影响上海台风伴随的极端降水年呈增加态势，且 R/S 分析下，这种增多趋势未来仍将持续的可能性较大。

可见，针对以上特点，从长期来看，未来防台风形势比以往显得更为严峻，需要密切注意对台风洪涝、强风的防范：

①加强对台风强降水的应对。在不放松对台风大风防范的同时，在预报预警、工程建设、市政交通、农业生产、城乡管理等方面注重对台风强降水和洪涝的相关研究和基础建设和能力建设；制定防台对策时要警惕洪涝威胁增加的可能性。

②加强对晚台风的防范，特别是对传统台风汛期之外可能发生的台风风险要加强防

范,在防灾减灾能力物资配备上要考虑这种新特点;需要加强对晚台风的防御应对。

③在天文潮期间的台风事件,要特别注意风、雨、潮叠加造成的风险放大效应的影响。

④综合应对台风风险,加强全社会台风风险意识与防范教育,整合各部门力量,做到工程应对和非工程应对结合、常态化应对与临台应对结合。

⑤继续加强对极端天气气候事件风险影响的研究。未来极端气候研究应该关注:一是如何有效地将传统统计和数值模拟方法相结合;二是努力拓展极端气候风险与巨灾保险领域的合作,这是通过资本市场分散、化解极端风险的主要途径之一。

参考文献

[1] Yang Qiuzhen, Xu Ming, Duan Yihong, *et al*. Typhoon Disaster Impacts on Public Safety of Shanghai and Its Mitigation Strategy//Proceedings of the World Engineers Convention 2004, Vol. D (Environment Protection and Disaster Mitigation). Beijing:China Science and Technology Press, 2004:623-626.

[2] Xu Ming, Yang Qiuzhen, Ying Ming. Impacts of Tropical Cyclones on Lowland Agriculture and Coastal Fisheries of China// Natural Disasters and Extreme Events in Agriculture (Impacts and Mitigation). Springer Berlin Heidelberg, 2005:137-144.

[3] 胡宜昌,董文杰,何勇.21世纪初极端天气气候事件研究进展[J].地球科学进展,2007,**22**(2): 1066-1075.

[4] 杨萍,侯威,封国林.基于去趋势波动分析方法确定极端事件阈值[J].物理学报,2008,**57**(8): 5333-5342.

[5] Beniston M, Stephenson D B, Christensen O B, *et al*. Future extreme events in European climate: An exploration of regional climate model projections[J]. *Climatic Change*, 2007, **81**(Supplement1): 71-95.

[6] WMO. 2010. 2010: Report of the Meeting of the Management Group of the Commission for Climatology. Geneva,18-21 May 2010.

[7] 罗亚丽.极端天气和气候事件的变化[J].气候变化研究进展,2012,**8**(2):90-98.

[8] 任福民,高辉,刘绿柳.极端天气气候事件监测与预测研究进展及其应用综述[J].气象,2014,**40**(7):860-874.

[9] 李庆祥,黄嘉佑.北京地区强降水极端气候事件阈值[J].水科学进展,2010,**21**(5):661-665.

[10] 薛联青,刘晓群,宋佳佳,等.基于百分位法确定流域极端事件阈值[J].水力发电学报,2013,**32**(5):26-29.

[11] 侯威,章大全,周云,等.一种确定极端事件阈值的新方法:随机重排去趋势波动分析方法[J],物理学报,2011,**60**(10):1-15.

[12] Pielke R A, Landsea C, Mayfield M, *et al*. Reply to"Hurricanes and Global Warming—Potential Linkages and Consequences"[J]. *Bulletin of the American Meteorological Society*,2006, **87**(5): 628-631.

[13] 史道济.实用极值统计方法[M].天津:天津科学技术出版社,2006:138-177.

[14] 鲍兰平.概率论与数理统计[M].北京:清华大学出版社,2005:47-142.

[15] 屠其璞,王俊德,丁裕国,等.气象应用概率统计学[M].北京:气象出版社,1984:208-216.

[16] 丁裕国.探讨灾害规律的理论基础——极端气候事件概率[J].气象与减灾研究,2006,**29**(1): 44-50.

[17] 黄嘉佑.气象统计分析与预报方法(第三版)[M].北京:气象出版社,2004:298.

[18] 杨秋珍,徐明,李军.热带气旋对承灾体影响利弊及巨灾风险诊断方法研究[J].大气科学研究与应用,2009(2):1-20.

[19] Yang Qiuzhen and Xu Ming. Preliminary study of the assessment of methods for disaster-Inducing risks by TCs using sample events of TCs that affected Shanghai[J]. *Journal of Tropical Meteorology*,2010,**16**(3):299-304.

[20] 杨秋珍,徐明,李军.对气象致灾因子危险度诊断方法的探讨[J].气象学报,2010,**68**(2):277-284.

[21] 杨秋珍,徐明,鲁小琴.基于同现超越概率的热带气旋影响与致灾风险评估方法及其应用[J].大气科学研究与应用,2013(1):1-12.

[22] 蔡爱民,查良松.基于分形理论的安徽省旱、洪涝灾害时序特征分析[J].安徽农业大学学报,2005,**32**(4):546-550.

[23] 周冲.影响我国热带气旋的频数与强度预测研究及其在海洋工程中的应对[J].水资源与水工程学报,2013,**24**(6):64-73.

[24] 刘坦然.影响我国台风频数与强度变化趋势预测[J].海洋工程,2012,**30**(3):170-176.

[25] 封国林,王启光,侯威,等.气象领域极端事件的长程相关性[J].物理学报,2009,**58**(4):2851-2853.

Risk Analysis of Tropical Cyclone Impacting Extreme Events

YANG Qiuzhen[1]   XU Ming[1]   TIAN Zhan[2]

(1 Shanghai Typhoon Institute of CMA, Shanghai   200030; 2 Shanghai Regional Climate Center for East China, Shanghai   200030)

Abstract

The frequent extreme weather and climate events cause serious negative influences to the development of social economy in recent years, sometimes even cause catastrophe. The extreme value probability distribution method is applied in this study to analyze the evolution of wind and rain risk from tropical cyclones impacting Shanghai during 1949 to 2013. The detection methods of extreme events based on the probability distribution threshold of tropical cyclone impacting time, extreme wind and yearly total precipitation are discussed. The overall trend of extreme tropical cyclone event impacting Shanghai is explored by using R/S method. The probability of continual increasing of extreme early event and extreme late event is small in the future. The risk of extreme precipitation event has increased in the past 65 years, and it is high likely that this trend will persist in the future. The chance of extreme strong wind event will increased in the future, while the risk of very serious strong wind event with the return period over once every 20 years will maintain decreasing trend. The situation of preventing tropical cyclone will become more serious in the future, and the response measures should be taken for the tropical cyclone flooding and strong wind.

上海中尺度大气模式(SMB—WARMS)海上风场预报检验

朱智慧　蔡晓杰　曹　庆

(上海海洋气象台　上海　201306)

提　要

利用 ASCAT 海面反演风场资料对 SMB—WARMS 中尺度模式的海面风场预报进行了检验,结果表明:对 24 h、48 h 和 72 h 3 个时次的风速预报,4 级风的准确率(TS)最大,然后向风级的两端(0 和 9级)TS 逐渐降低;3 个预报时次的漏报率(PO)随风级增大逐渐增大,而空报率(FAR)随风级增大逐渐减小。3 个预报时次的风向预报评分接近,为 0.6 左右。在月际变化上,对 4 级风,各月 3 个预报时次的TS、PO 和 FAR 的变化规律都比较一致,TS 在 12 月最小,PO 在 12 月和 4 月出现较低值,FAR 在 12 月份有明显的高值;11 月和 4 月风向预报准确度较低。对 4 级风的预报,模式的 24 h 预报准确率 TS 在东海中部和南部较高,48 h 在东海北部、南部海域和台湾岛东南海域较高,72 h 在东海中部海域和台湾岛以东海域较高。3 个预报时次的风向预报评分在低纬度海域要高于高纬度海域。风速的 24 h、48 h 和72 h 预报在台湾海峡都存在最大的均方根误差,为 3.5～4 m/s。

关键词　中尺度模式　海面风场　预报检验

0　引　言

近年来,随着海洋经济活动的发展,海洋气象灾害造成的经济损失日趋严重,尤其是海上大风等灾害性天气[1,2],这对海洋气象的精细化预报也提出了更高的要求,为此许多学者进行了海上精细化预报的研究和应用[3-7]。但是,对海洋气象数值模式进行定量检验的工作还相对较少,为了增强数值模式对业务的技术支撑能力,需要对业务运行的海洋气象模式预报效果进行检验评估[8]。

上海市气象局业务运行的 SMB—WARMS 中尺度模式,每天北京时 02、08、14、20 时运算 4 次,预报时效 72 h,其输出产品的空间分辨率为 9 km×9 km,时间分辨率为 1 h。业务应用显示,SMB—WARMS 模式对上海沿海的风力预报具有较高精度,但少有定量评估,为了定量检验 SMB—WARMS 模式对中国近海洋面风预报的效果,本文用 2012 年9 月—2013 年 6 月 ASCAT 的海面反演风场资料检验了对应时次 SMB—WARMS 模式洋面风预报的效果。

资助项目:上海市气象局面上项目(MS201409)。

作者简介:朱智慧(1984—),男,山东泰安人,工程师,主要从事海洋气象预报技术研究;E-mail: zzh830830@163.com。

1 资料与方法

1.1 资料介绍

（1）实况资料

来源于 ASCAT 的海面反演风场（以下简称实况风场），空间分辨率为 25 km，范围为 $100°\sim130°$E，$3°\sim42°$N，为北京时 20 时前后的观测。资料每天 1 次，时间为 2012 年 9 月 1 日—2013 年 6 月 18 日。

（2）模式资料

上海市气象局业务运行的中尺度大气模式 SMB—WARMS 输出的 10 m 高度风场预报资料，时间分辨率为 1 h，空间分辨率 9 km。资料时间为 2012 年 9 月 1 日—2013 年 6 月 18 日，资料空间范围为 $117°\sim127°$E，$22°\sim41°$N。

（3）插值方法

对实况资料和模式输出资料都采用反距离平方权重法插值为标准经纬度网格资料，插值后经纬度网格为 $0.25°\times0.25°$，空间范围为 $117°\sim127°$E，$22°\sim41°$N。

1.2 风场检验方法

检验数值模式 10 m 高度风场预报，时间间隔以模式输出产品的时间间隔为准，预报时效以模式预报时效为准。检验要素为 10 m 高度风场的风速和风向。检验时段为 2012 年 9 月—2013 年 8 月，模式起报时间为北京时 20 时。

（1）检验样本选择

图 1 给出了 2012 年 9 月 2 日和 9 月 3 日 20 时的实况海面风力场，从图中可见，由于卫星资料来源于极轨卫星，扫描轨道上才有实况风场，所以插值到格点上的实况风场不能全部覆盖模式预报海域，只有部分格点有实况风场数据，本文对所有时次只检验有实况风的格点预报。

（2）风速检验指标

$$均方根误差：S_e = \sqrt{\frac{1}{N}\sum_{i=1}^{N}(F_i - Q_i)^2} \tag{1}$$

式中：F 为预报值，Q 为实况值，N 为总样本数，i 为样本序号。

数值模式对不同等级的风往往预报效果不一样，为了更细致地分析 SMB—WARMS 模式对不同风级的预报效果，本文按照风速分级标准，对每个检验格点针对不同的风级预报进行评分检验，检验量包括准确率 TS、漏报率 PO 和空报率 FAR，数值范围为 $0\sim1.0$。

具体评分方法为：

$$准确率：TS_k = \frac{NA_k}{NA_k + NB_k + NC_k} \tag{2}$$

$$漏报率：PO_k = \frac{NC_k}{NA_k + NC_k} \tag{3}$$

$$空报率：FAR_k = \frac{NB_k}{NA_k + NB_k} \tag{4}$$

式中：NA_k 为预报准确次数，NB_k 为空报次数，NC_k 为漏报次数。所谓准确，即预报风级与

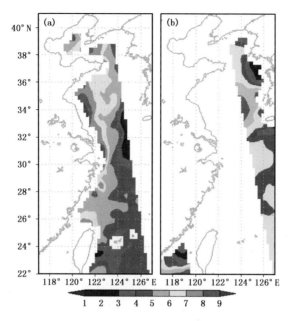

图 1 2012 年 9 月 2 日(a)和 3 日(b)20 时的 ASCAT 海面反演风力场(单位:m/s)

实况风级相符;所谓空报,即预报风级大于实况风级;所谓漏报,即预报风级小于实况风级。

(3)风向检验

风向检验结果为准确、不准确两种。当预报风向与实况风向的绝对偏差≤45°时,评定为准确;否则为不准确。所谓实况风向,即预报时段评分格点实况风力最大时的风向。如有多个风力相同而风向不同时,以与预报风向一致的实况风向作为评分标准,准确率＝预报准确次数/预报总次数。

2 检验结果分析

图 2 给出了实况资料中各级风的样本数,可以看到,实况资料中 3~6 级风样本较多,其中 4 级风最多,5 级风次之,0 级风和 8~9 级风很少,10 级风无样本。

2.1 预报评分的平均结果分析

表 1~3 给出了不同等级风力 24 h、48 h 和 72 h 的 TS、PO、FAR 评分结果,表中的 NaN 表示 TS、PO、FAR 计算公式中分母为 0。从表 1 可以看到,对 24 h 预报,在 4 级风时准确率 TS 达到最大值,为 0.39,然后向风级序列的两端(0 和 9 级)TS 评分逐渐减小;漏报率 PO 随着风级增大逐渐增大,8 级风时最大,为 0.92,说明风级越大,SMB—WARMS 模式预报风速偏小的概率越大;空报率 FAR 从 0~7 级风随着风级的增大逐渐减小,说明风级较小时,模式预报风速偏大的概率更大。对 48 h 预报,在 4 级风时准确率 TS 达到最大值,为 0.38,同样向风级序列的两端逐渐减小;漏报率 PO 和空报率 FAR 的变化规律与 24 h 预报的情况相近。对 72 h 预报,在 4 级风时准确率 TS 达到最大值,为 0.36,同样向风级序列的两端逐渐减小;漏报率 PO 和 FAR 的变化规律与 24 h、48 h 预报的情况相近,这也说明,模式的 24 h、48 h 和 72 h 预报的稳定性较好。

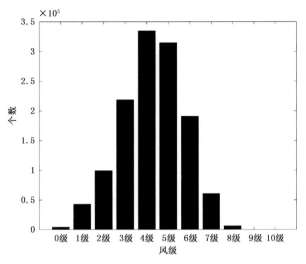

图2　各风级实况资料样本数统计

表4给出了风向预报评分结果,从中可见,对风向的预报评分,24 h、48 h和72 h预报比较接近,为0.6左右。

表1　风力24 h预报评分

风级＼评分	TS	PO	FAR
0	0	NaN	1
1	0.08	0	0.92
2	0.22	0.15	0.76
3	0.34	0.31	0.56
4	0.39	0.43	0.38
5	0.35	0.57	0.21
6	0.25	0.73	0.08
7	0.12	0.87	0.06
8	0.06	0.92	0.14
9	0.08	0.86	0.55

注:NaN非数值,是分母为零时出现的结果。余同。

表2　风力48 h预报评分

风级＼评分	TS	PO	FAR
0	0	NaN	1
1	0.05	0	0.95
2	0.20	0.12	0.79
3	0.31	0.30	0.61
4	0.38	0.41	0.40
5	0.36	0.55	0.21
6	0.24	0.73	0.10
7	0.11	0.88	0.06
8	0.06	0.93	0.13
9	0.04	0.86	0.79

表 3　风力 72 h 预报评分

评分 风级	TS	PO	FAR
0	0	NaN	1
1	0.05	0	0.95
2	0.18	0.13	0.81
3	0.30	0.31	0.62
4	0.36	0.42	0.43
5	0.34	0.57	0.23
6	0.24	0.73	0.09
7	0.10	0.89	0.06
8	0.03	0.96	0.24
9	0.05	0.95	0

表 4　风向预报评分

预报时间	24 h	48 h	72 h
评分	0.6	0.58	0.56

2.2　预报评分时间序列分析

图 3 给出了 4 级风 24 h、48 h 和 72 h 风速预报 TS、PO、FAR 的月际变化,从图 3a 中可见,从 2012 年 9 月到 2013 年 6 月,24 h、48 h 和 72 h 预报的准确率 TS 变化趋势比较一致,除了 2012 年 12 月出现最低值 0.3,其他月份基本在 0.4 左右。从图 3b 中可见,3个预报时次的漏报率 PO 在前期逐月减小,自 11 月、12 月出现低值(0.3 左右)转而呈现增大趋势期间仅在 4 月再次出现低值后,于 6 月达最大(PO>0.5),说明在秋冬之交和 4 月份,SMB—WARMS 模式的漏报率较低,而在冬末初春和春末夏初则较高。从图 3c 可见,24 h 预报的空报率 FAR 在所有月份都比 48 h 和 72 h 要低,3 个预报时次的空报率 FAR 在前期 3 个月呈增大趋势,12 月份的空报率达到最高值(≥0.6),其后总体上呈减小趋势, 6 月份达最低值(0.2~0.3),说明 SMB—WARMS 模式的 4 级风预报在 12 月预报空报率偏大,而 6 月份空报率最小。

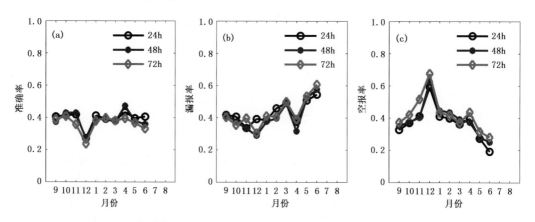

图 3　24 h、48 h 和 72 h 的 4 级风预报 TS(a)、PO(b)、FAR(c)的月际变化

　　图4给出了24 h、48 h和72 h风向预报准确率的月际变化，从图中可见，风向24 h、48 h和72 h预报准确率的月际变化呈现较明显的波动特征，24 h预报准确率在10月、1月和5月出现峰值，其中10月份最大，而在秋末的11月和春季的4月出现低值，说明在秋末和春季是SMB—WARMS模式24 h风向预报准确率比较低的时段。48 h和72 h预报准确率的变化趋势与24 h预报准确率变化趋势基本相似，略有不同的是，48 h预报在秋末（11月）和初春（3月）出现低值，72 h预报在10月、12月和5月出现峰值。

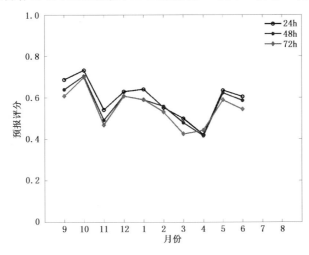

图4　24 h、48 h和72 h风向预报准确率评分的月际变化

2.3　预报评分空间分布特征

　　从前面的分析可以看到，在各等级风的样本数上，4级风的样本数最多，因此，本文选取4级风分析了SMB—WARMS模式风速和风向的24 h、48 h和72 h预报准确率的空间分布特征。此外，还分析了3个时次预报（所有风级）均方根误差的空间分布特征。

　　图5给出了24 h、48 h和72 h预报4级风的准确率TS空间分布，从图中可见，在东海中部和南部，模式对4级风的24 h风速预报准确率较高，为0.45～0.5，而在黄海中部准确率较低，为0.35左右。48 h预报在东海北部、南部海域和台湾岛东南海域准确率较高，为0.4左右。72 h预报在东海中部海域和台湾岛以东海域准确率较高，为0.4～0.45，而在黄海中部和北部准确率较低，为0.3～0.35。

　　图6给出了24 h、48 h和72 h的4级风风向预报准确率的空间分布，从图中可见，风向的24 h预报准确率在低纬度海域要高于高纬度海域，渤海海域的预报准确率最低，江苏沿海海域也有一片预报准确率较高的区域，为0.6左右，同时，也可以看到在靠近沿岸的海区预报准确率普遍较低，这说明风向预报的准确率受地形影响显著，48 h和72 h预报准确率也具有类似的空间分布形态，但在黄海中部和北部地区，72 h预报准确率较低的海域范围要比24 h和48 h预报大。

　　图7给出了风速（所有风级）24 h、48 h和72 h预报均方根误差的空间分布，从图中可见，24 h、48 h和72 h的风速预报的均方根误差在台湾海峡都最大，数值为3.5～4.0 m/s，在黄海和东海的东部、渤海也存在较大的均方根误差，数值为3.5 m/s左右，在江苏沿海和台湾岛以东海域均方根误差数值较小。

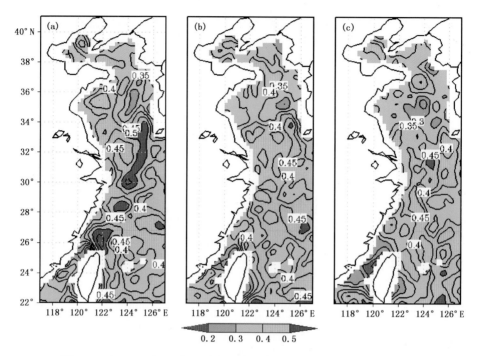

图5　24 h(a)、48 h(b)和72 h(c)预报4级风风速的准确率TS空间分布
（图下方为TS评分彩色标尺(间隔为0.1),图中黑线为TS等值线,间隔为0.05)

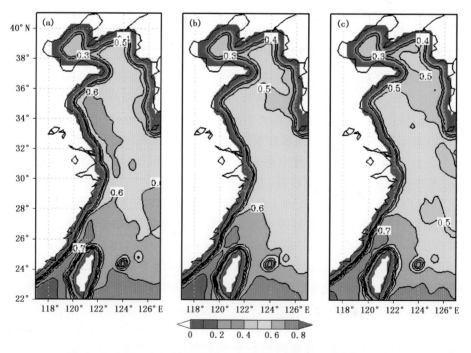

图6　24 h(a)、48 h(b)和72 h(c)4级风风向预报准确率的空间分布
（图下方为TS评分彩色标尺,图中黑线为TS等值线,间隔均为0.1)

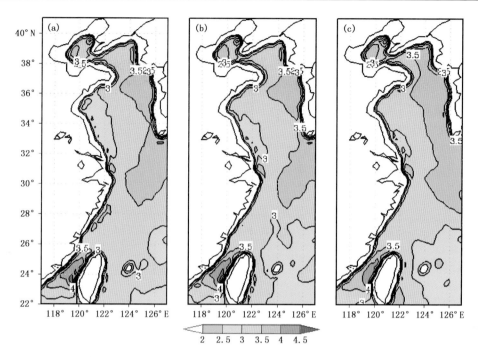

图 7　24 h(a)、48 h(b)和 72 h(c)风速预报均方根误差的空间分布

(图下方为均方根误差彩色标尺,图中黑线为均方根误差等值线,间隔均为 0.5)

4　结　论

本文利用 ASCAT 海面反演风场资料对 SMB—WARMS 中尺度模式的海上风场预报进行了检验,主要得出以下结论:

(1)24 h、48 h 和 72 h 风力预报准确率随预报风力变化,在 4 级风时准确率 TS 最大,然后向风级序列的两端(0 和 9 级)TS 逐渐减小;3 个预报时次,漏报率 PO 随预报风级增大而逐渐增大,空报率 FAR 随预报风级增大而逐渐减小,说明 SMB—WARMS 模式对较大风力预报偏小的概率和对较小风力预报偏大的概率均更大。对风向的预报评分中,24、48 和 72 h 预报准确率比较接近,为 0.6 左右。

(2)对检验评分期实况 4 级风样本的 3 个预报时次的检验表明:各月风力预报准确率 TS,漏报率 PO 和空报率 FAR 的月际变化趋势基本一致,在 12 月出现 TS 最低值,即 12 月风速预报准确率最低;漏报率 PO 在 12 月和 4 月较低,而 6 月最高,即秋冬之交和 4 月的漏报率较低,而在冬末初春和春末夏初较高;空报率 FAR 在 12 月最高,6 月最低,即空报率在秋末冬初偏大,而初夏偏小。风向 24 h、48 h 和 72 h 预报评分的月际变化呈现较明显的波动特征,在秋末 11 月和春季 4 月出现低值,说明在秋末和春季 SMB—WARMS 模式风向预报准确率比较低。

(3)在东海中部和南部,模式对 4 级风风速的 24 h 预报准确率 TS 评分较高,而在黄海中部评分较低。48 h 预报 TS 评分在东海北部、南部海域和台湾岛东南海域评分较高。72 h 预报在东海中部海域和台湾岛以东海域 TS 评分较高,而在黄海中部和北部评分较低。

(4)风向的 24 h 预报准确率在低纬度海域要高于高纬度海域,渤海海域的预报准确率最低,在靠近沿岸的海区预报准确率普遍较低,这说明风向预报的准确率受地形影响显著,48 h 和 72 h 预报准确率也具有类似的空间分布形态。

(5)风速的 24 h、48 h 和 72 h 预报均方根误差在台湾海峡最大,在江苏沿海和台湾岛以东海域数值较小。

参考文献

[1] 刘学萍. 烟台海域海难事故气象条件分析及预防对策[J]. 气象,2001,**27**(3):55-57.

[2] 黄少军,薛波,石磊,等. 渤海海峡客滚船海难事故与大风事件关系分析[J]. 气象与环境学报,2006,**22**(3):30-32.

[3] 高荣珍,杨育强,孙桂平. 基于 MM5 的青岛近海风速精细化预报[J]. 海洋湖沼通报,2007,**4**:30-36.

[4] 杨育强,高荣珍,马艳,等. 海面风精细化集成预报系统在青岛奥帆赛期间的应用[J]. 气象,2008,**34**:241-245.

[5] 毕玮,王建林. 精细化气象预报产品在奥帆赛中的应用[J]. 气象,2008,**34**:246-251.

[6] 陈德花,刘铭,苏卫东,等. BP 人工神经网络在 MM5 预报福建沿海大风中的释用[J]. 暴雨灾害,2010,**29**(3):263-267.

[7] 党英娜,黄本峰,郭庆利,等. 渤海海峡海上客运航线大风精细化预报的数值释用[J]. 海洋预报,2013,**30**(1):36-44.

[8] 矫梅燕. 关于提高天气预报准确率的几个问题[J]. 气象,2007,**33**(11):3-8.

The Performance Verification of the Offshore Wind Forecast of Mesoscale Numerical Weather Model SMB—WARMS

ZHU Zhihui　　CAI Xiaojie　　CAO Qing

(*Shanghai Marine Meteorological Center*, *Shanghai*　201306)

Abstract

Using the ASCAT sea surface wind field retrieval data, the SMB—WARMS prediction for offshore wind field is verified, and the results are as follows : For the 24 h, 48 h and 72 h forecasts of wind speed, TS(accuracy) is the highest at the 4 th grade wind, and then to both ends of the wind scale (0 and 10), the TS gradually reduces. For three forecast times, PO(rate of missing forecast) increases with the increasing of wind grade, while FAR(false alarm rate) decreases. The scores of three forecast times for wind direction prediction are close to each other, which is about 0.6. In the monthly forecasts, for the 4 th grade wind, the TS, PO and FAR have changed consistently in all months. The TS is the minimum in December. The PO has lower values in December and April, and the FAR has obviously high value in December. In November and April, the accuracy of SMB—WARMS prediction for wind direction is low.

For the 4 th grade wind forecast，the TS of 24 h forecast is higher in central and southern parts of East China Sea(ECS)；the 48 h forecast is higher in north and south ports of the ECS ，and southeast of Taiwan island；the 72 h forecast is higher in central ECS，and east of Taiwan island. The 3 times prediction for wind direction in the low-latitude sea is higher than that of the high-latitude sea. The root mean square errors of the 24 h，48 h and 72 h forecasts for wind speed all have the maximum values in the Taiwan Straits，which are 3. 5—4 m/s.

长三角地区一次梅雨期大暴雨个例研究

张德林[1]　马雷鸣[2]　陆佳麟[1]　步春花[1]

(1 上海市青浦区气象局　上海　201700；2 上海台风研究所　上海　200030)

提　要

利用上海青浦天气雷达、自动站雨量资料和区域中尺度数值模式 WRF 研究了 2012 年 6 月 17—18 日发生在长三角地区的一次大暴雨过程，在分析大气环流背景的基础上，对导致此次过程的中尺度系统发展和作用机制进行了诊断分析。结果表明，在梅雨锋和台风倒槽背景下，长三角地区长时间维持的两支低空急流(尤其是超低空急流)有利于该地区低空维持强水汽输送带和水汽辐合区，水汽源源不断从长三角西南和东部海上输入，为大暴雨提供充沛的水汽条件，维持不稳定层结、集聚能量，最终触发中尺度对流发展；同时，长三角上空长时间存在的高层辐散提供了有利于低层辐合区上升运动和对流发展的环流背景，强烈而稳定存在的上升运动导致了大暴雨。

关键词　梅雨　台风　暴雨　数值模拟

0　引　言

暴雨是主要的气象灾害之一，也是天气预报领域的一大难题。长江中下游流域梅雨期暴雨持续时间长、影响范围大、累计雨量大，造成的灾害也严重，是气象工作者重点研究的课题之一。陶诗言等研究了 2007 年 6—7 月华南、长江中下游以及淮河流域先后出现的静止锋暴雨，分析了 3 个地区静止锋暴雨的动力学、热力学结构异同点[1]。周宏伟等对 2006 年 7 月 3 日苏北东部地区一次最强的梅雨锋大暴雨过程进行了诊断分析，高空槽、西南涡、低空急流以及地面气旋为大暴雨提供了强劲的动力和水汽条件，中低层强烈辐合和上层辐散和强烈上升运动、地面多个中尺度涡旋的上升气流为大暴雨提供了持久的动力、水汽和不稳定条件，揭示了此次大暴雨过程中不同尺度系统影响[2]。张端禹等分析了 2009 年 6 月 29 日湖北省的一次梅雨大暴雨，研究了低空急流、切变线、能量锋区和中高层干入侵在大暴雨中的作用，暴雨期间维持准纬向的切变线、低空急流，暴雨区在能量锋区南侧和垂直积分水汽最大辐合区，中高层干空气向下伸展，使中低层不稳定层结加强[3]。可见，暴雨一般总是在有利的大尺度环流背景下引发中小尺度天气系统发生发展，而 β 中尺度天气系统直接产生强降水。数值模式由于其时空分辨率高的特点，常用于中尺度系统的发生、发展和演变，分析其形成机制，是研究暴雨、强对流天气的重要方法，许

作者简介：张德林(1962—)，男，上海人，高工，主要从事天气预报和农业气象工作。Email：zdl_qp@163.com。

多学者开展了这方面的研究[4-8]。隆霄等研究 2002 年 6 月 18—19 日发生在湖北地区的一次由 β 中尺度系统引起的梅雨期强暴雨，表明暴雨的产生主要是由于 β 中尺度对流云团发展分裂的结果，中尺度扰动以及对流发展过程中动力和热力的相互作用促进了中尺度低涡的发展，模拟的 1 h 降水量与观测结果接近[4]。谢义明等对 2004 年 6 月 25 日长江下游地区一次大暴雨天气过程进行了数值模拟，发现在东北冷涡和西太平洋副热带高压两大天气系统作用下，西南低空急流加强带来大量暖湿气流，加大湿对流不稳定，中低层切变线触发强烈上升运动。2012 年 6 月 17 日长江下游地区进入梅雨期，17—18 日浙北和上海地区降大暴雨，本文利用华东区域中尺度数值模式 SMB－WARMS，对这次大暴雨的中尺度结构和演变进行数值模拟分析，研究其成因和特征，为预报此类梅雨暴雨提供参考和着眼点。

1 天气实况及环流背景

1.1 天气实况

2012 年 6 月 17—18 日，受梅雨静止锋和位于海南东部的热带低压倒槽的影响，上海及浙江北部地区发生了强降水过程，降水强度大，持续时间长。雨带分布为东北—西南向（图 1a），上海中南部和浙江北部地区 6 月 17 日 08 时—18 日 08 时雨量超过 100 mm，其中上海南部地区的金山、奉贤及临港新城地区和浙江的绍兴、上虞、慈溪、富阳、平湖、萧山、余姚等地区雨量 150 mm 以上，其中上虞、绍兴、慈溪等三地在 200 mm 以上。

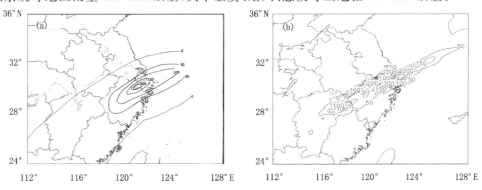

图 1 2012 年 6 月 17 日 08 时—18 日 08 时实况降水量（a）和数值模拟降水量（b）（单位：mm）

降水从 17 日上午开始，一直持续到 18 日上午。集中降水时段出现在 17 日 18—21 时和 18 日早晨 02—07 时，降水强度 $10\sim30$ mm·h^{-1}，个别时段达到 $40\sim70$ mm·h^{-1}，如上海金山气象局 18 日 03—04 时雨量 45.1 mm·h^{-1}，浙江慈溪气象局 18 日 04—05 时雨量多达 66.6 mm·h^{-1}。

1.2 环流背景

图 2 为 2012 年 6 月 17 日 08 时天气系统图。从 500 hPa 高度图上分析可知，6 月 16 日 08 时，在吉林与黑龙江西部交界处有东北冷涡，槽线从冷涡经秦皇岛、徐州南伸到安庆一带，槽后有弱冷空气南下；而西北太平洋副热带高压中心位置在日本南部洋面，584 位势什米等高度线在 120°E 以东的东南沿海海面上；在鄂、渝地区有西风带短波槽。东北冷涡稳定少动，冷涡以南的大槽缓慢东移，副高加强西伸。到 17 日 08 时，东北冷涡仍在吉

林、黑龙江地区,槽线从冷涡经大连、青岛延伸至上海,584 位势什米等高线西伸到 117°E (浙、闽西部)。以上环流形势有利于副高西北侧与西风带南侧过渡区域(即长三角地区)的冷暖空气交汇、水汽聚集和动力抬升加强。

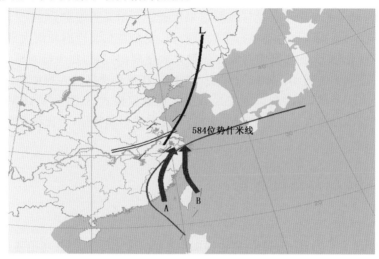

图 2　2012 年 6 月 17 日 08 时天气系统图

(棕色粗实线为 500 hPa 槽线,棕色细实线为 584 hPa 等压线,棕色双实线为 700 hPa 切变线,红色长箭头为 700 hPa 的急流)

从 700 hPa 图上分析,17 日 08 时,长江中游到江淮地区为切变线,切变线南侧的浙江中部和福建地区有一条低空急流(A 急流)。之后该急流迅速加强、东移,17 日 20 时,急流穿越浙、闽、沪地区,强度为 14~22 m/s,并向长三角暴雨区不断输送低层水汽和能量。同时,南海有热带低压存在(17 日 23 时加强为热带风暴"泰利"),长三角地区也处于热带低压倒槽底部的东南急流(B 急流)内,B 急流也向暴雨区传输水汽和能量。这些都提供了大暴雨所需的有利环流背景。

2　中尺度特征观测

对上海青浦天气雷达回波基本反射率因子(图 3)进行了分析。17 日 08 时—18 日 08 时,浙北、上海地区上空雷达回波基本在 30~45 dBz。17 日 08—18 时,该地区有多块强度 30~35 dBz 尺度为 50~100 km 的雷达回波,其中 09—12 时沿杭州湾有一条东北—西南向 40~45 dBz 的雷达回波带(图 3a),长度 150~200 km,该时段杭州湾南岸的部分地区出现 10 mm·h⁻¹ 的较强降水。18 时嘉兴、上海地区生成一块 40~45 dBz 的雷达回波,尺度 50~70 km;19—22 时,该回波发展,并与杭州东部、绍兴、宁波西部等地生成的回波形成一条东北—西南向 40~45 dBz 回波带(图 3b),尺度 160~200 km,该时段浙北、上海地区出现 10~30 mm·h⁻¹ 的强降水。18 日 02—05 时,杭州湾及两岸地区出现两条 40~45 dBz 中尺度回波带(图 3c、3d),这一地区出现 30~60 mm·h⁻¹ 的强降水。以后缓慢东移南压,07 时后回波减弱并东移至海上,降水也减弱。

可以看出,整个降水期间有多个中尺度回波产生、消亡、合并、发展和东移,其中有多个中尺度回波的合并伴随了降水增强的过程。

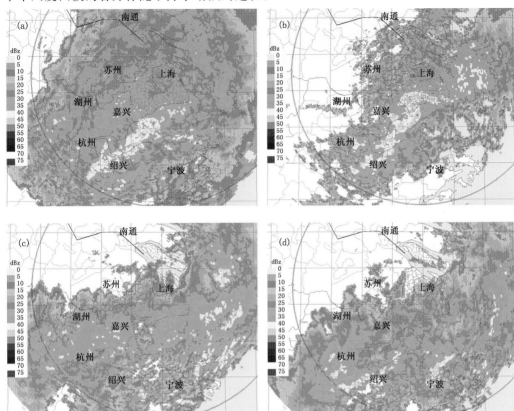

图 3　2012 年 6 月 17—18 日青浦雷达基本反射率
(a)17 日 10 时；(b)17 日 19 时；(c)18 日 02 时；(d)18 日 04 时

3　数值模拟分析

使用水平分辨率为 9 km 的 NCAR 区域中尺度数值模式 WRF(V3.3)和 NCEP/GFS 水平分辨率为 0.5°的分析场，并采用改进了对流触发机制的 Kain—Fritsch 对流参数化方案[9,10]，选择合适的显式水汽、辐射等物理参数化方案，模拟时段为 2012 年 6 月 17 日 08 时—19 日 08 时。

3.1　降水量分析

对比 17 日 08 时—18 日 08 时累计降水量实况(图 1a)和数值模拟结果(图 1b)表明：模拟暴雨带的走向与实况一致，模拟暴雨带 50 mm 等值线的北侧、南侧与实况基本一致，西侧比实况偏西 1～2 个经距；同样，100 mm 等值线的北侧、南侧与实况基本一致，西侧比实况偏西 2 个经距。模拟雨量中心最大降水量为 300 mm，比实况最大降水量 245 mm 偏大，位置偏东 1 个经距。

分析数值模拟的逐小时降水量，主要强降水时段有三段。17 日 11—13 时，在杭州、湖州地区和杭州湾东部各有 20～25 mm·h^{-1}雨量的雨团东移，实况中有部分地区出现

10 mm·h⁻¹ 的雨量,数值模拟降水量比实况略大;17 日 17 时—18 日 07 时,浙北和上海地区有多个≥30 mm·h⁻¹ 雨量的雨团东移,实际情况看,该地区出现≥20 mm·h⁻¹ 甚至≥30 mm·h⁻¹ 雨量,模拟降水量比实况略大但位置较为接近;其中模拟 18 日 01—03 时在杭州湾中部及两岸地区出现≥45 mm·h⁻¹ 雨量的雨团,而实况上海金山 18 日 03—04 时雨量为 45.1 mm,浙江慈溪 04—05 时雨量为 66.6 mm,实况与模拟差 2 h。

可见,模拟暴雨带范围分布、累计降水量和主要降水时段与实况比较接近,其模式分析结果的效果较好。

3.2 低空急流

分析数值模拟的 700 hPa 风矢量和风速等值线图发现,17 日 08 时(图 4a),30°N 以南的浙江中西部地区 SW 风速为 12 m·s⁻¹,浙西南地区达到 16 m·s⁻¹。以后这支低空急流带加强并向东北方向移动,急流轴为西南—东北向,经浙西南、浙中、杭州湾和上海南部一线。17 时(图 4b),急流中心风速达到 20 m·s⁻¹,并在南侧还有一支低空急流,呈东北—西南向,位于杭州湾东侧和宁波地区,至 18 日 00 时两支低空急流强盛,中心 SW 风速达到 20 m·s⁻¹;两支低空急流向上海、浙北地区不断输送水汽和能量,提供暴雨所需的水汽和能量条件。02 时(图 4c)以后低空急流强度减弱,位置向东北偏东移动。需要指出的是,尽管 700 hPa 的急流减弱,但在 900～1000 hPa 的近地层仍有强东南风存在(12～16 m·s⁻¹),这种超低空急流与中低层急流的耦合配置和长时间存在,有利于不稳定层结的维持,并不断触发中尺度对流。

进一步分析风速矢量和等风速线纬向剖面图,图 4d～f 是沿 30.5°N 纬向剖面图:17 日 08 时(图 4d),700 hPa 以下层风速均小于 12 m·s⁻¹。以后自上而下风速逐渐增大,10 时 120.5°E 附近 700 hPa 层风速达到 12 m·s⁻¹,17 时(图 4e)加大至 16 m·s⁻¹ 以上;19 时分成两支急流,120.5°E 附近 700 hPa 层风速达到 16 m·s⁻¹ 以上,900 hPa 层风速达到 12 m·s⁻¹,而在 122°E 附近 700 hPa 层风速达到 20 m·s⁻¹,850 hPa 层风速达到 12 m·s⁻¹。19—21 时 120.5°E 附近 900～950 hPa 层风速为 12 m·s⁻¹,风向 SE;而 122°E 附近 900～1000 hPa 层风速 12～16 m·s⁻¹,风向 SE。18 日 02 时(图 4f),121°～122°E 上空 700 hPa 为 SW—SSE 风,风速 16 m·s⁻¹,800～1000 hPa 为 SSE—SE 风,风速 12 m·s⁻¹。18 日 06 时风速减弱至 12 m·s⁻¹ 以下。

可见,长时间维持低空急流,尤其是超低空急流,源源不断从海上输送水汽,为大暴雨提供水汽和能量,引起并维持着不稳定层结,触发中尺度对流发展。

3.3 水汽条件

持续的强降水需要周边不断的水汽输送和积聚。从水汽来源分析,高空西风槽、低层切变线南侧的西南急流和热带低压倒槽东南急流向上海和杭州湾地区输送水汽。分析 950 hPa 水汽通量图(图略):17 日 08—14 时长江下游地区为东西向水汽输送带,由西侧移向大暴雨区,水汽通量中心值为 14～16 g·s⁻¹·cm⁻¹·hPa⁻¹,这支水汽输送带位于西风槽前、副高 584 位势米等高线西北侧,17 时 15 时后这支水汽输送带明显减弱;但 17 时 15 时—18 日 06 时,热带低压倒槽将水汽从海上源源不断输送至杭州湾地区,使该地区水汽通量逐步上升,达到 20 g·s⁻¹·cm⁻¹·hPa⁻¹,其中 17 日 18 时—18 日 01 时中心值达 27 g·s⁻¹·cm⁻¹·hPa⁻¹,18 日 06 时后水汽输送明显减弱。分析沿 30.5°N 水汽通量散度纬向剖面图(图略),17 日 08 时—18 日 06 时,900 hPa 及以下层基本维持水汽

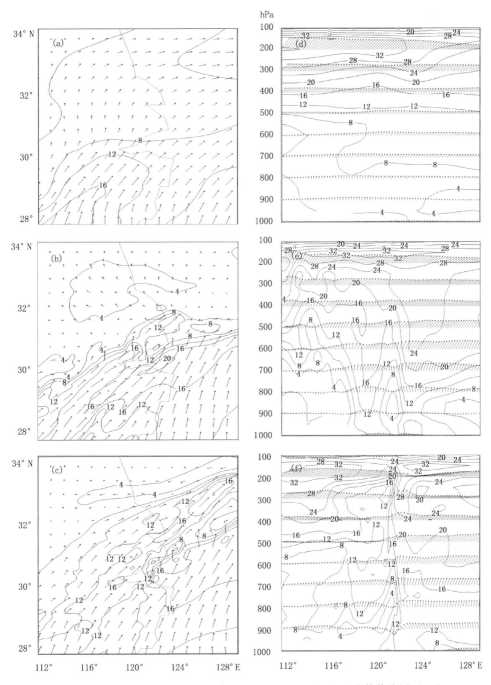

图 4   2012 年 6 月 17—18 日长三角地区 700 hPa 风矢量、风速等值线图(左)和
沿 30.5°N 纬向风矢量、风速等值线剖面图(右)

(a)(d)17 日 08 时;(b)(e)17 时;(c)(f)18 日 02 时(单位:m·s⁻¹)

辐合,中心值为 $-10\sim-30\times10^{-8}$ g·s⁻¹·cm⁻²·hPa⁻¹;杭州湾地区有一支东南气流的水汽辐合区。可见杭州湾地区低空维持一条强水汽输送带和水汽辐合区,有利于水汽积聚,为对流发生发展和强降水提供了水汽和能量条件。

3.4　地面辐合和高空辐散

通过数值模拟 17 日 08 时—18 日 08 时地面风场矢量图分析,由图 5 可以看出,17 日 10—12 时,在杭州、湖州地区和杭州湾东部分别出现 β 中尺度地面辐合线;15 时,杭州地区为一条东西向 β 中尺度地面辐合线,以后发展东移至杭州、嘉兴地区;19 时,绍兴地区形成 β 中尺度地面辐合线,杭州湾中东部一条东西向 β 中尺度地面辐合线;21 时形成 3 条地面辐合线,杭州、嘉兴地区的地面辐合线东移至嘉兴、上海地区,杭州南部、绍兴为一条东北—西南向地面辐合线,杭州湾南部、宁波地区一条东西向地面辐合线。23 时嘉兴、上海地区的地面辐合线减弱消散,杭州南部、绍兴的地面辐合线和杭州湾南部、宁波地区的地面辐合线加强,缓慢东移,影响至嘉兴、上海地区。18 日 07 时后,地面辐合线减弱并东移至杭州湾东部。

可见,暴雨期间有多个中尺度辐合线生成、发展、移动,并有相互作用的过程,造成降水强度变化。

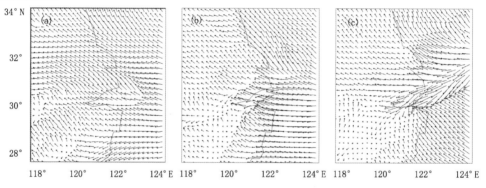

图 5　数值模拟地面风场矢量图

(a)2012 年 6 月 17 日 11 时;(b)19 时;(c)18 日 02 时

分析数值模拟径向垂直涡度,暴雨期间暴雨带上空 900～300 hPa 高度层为正涡度。图 6a,6d 为 17 日 20 时和 18 日 05 时沿 121°E 涡度径向剖面图,可以看出,在 31°N 附近即强降水中心地区是一条宽约 0.3～0.5 个纬距垂直柱状正涡度区,涡度中心强度为 80×10⁻⁵ s⁻¹。说明 300 hPa 以上为负涡度,为反气旋性环流,300 hPa 以下为正涡度,为气旋性环流,高层辐散,中低层辐合,有利于形成强上升运动,产生对流天气。正涡度带位置与暴雨带位置比较一致,正涡度强盛时段也就是降水强盛时段。

分析散度经向剖面图发现(图 6b,6e),17 日 18—20 时和 18 日 02—06 时 31°N 附近地区地面到 400 hPa 层为辐合层,散度为 $-10～-40×10^{-5} s^{-1}$,800～700 hPa 为强辐合层,18 日 04—05 时强辐合层在 600～500 hPa 层,散度均为 $-50×10^{-5} s^{-1}$。而 400～200 hPa 为强辐散层,散度为 $40～50×10^{-5} s^{-1}$。中下层强辐合,高层强辐散,有利于上升运动的维持和对流发展。

通过数值模拟的垂直速度经向剖面图分析,可以看出,在 30°～31°N 地区即浙北、上海地区上空 900～300 hPa 高度层为上升运动,其中 700～500 hPa 高度层为上升运动强的层次,垂直速度为 0.3～1.0 m·s⁻¹。上升运动强度随时间变化,17 日 18—20 时和 8 日 02—06 时是上升运动强盛时段,图 5c,5f 是 17 日 20 时和 18 日 05 时垂直速度经向剖面图,17 日 20 时 30°～31°N 地区地面到 300 hPa 为上升运动区,在 800 hPa～500 hPa 高度层是强上升

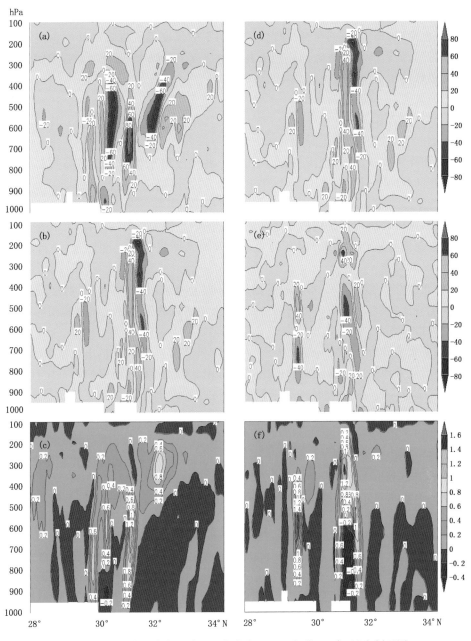

图 6　涡度(s^{-1})、散度(s^{-1})、垂直速度(m·s^{-1})沿 121°E 经向剖面图

(a)~(c)为 2012 年 6 月 17 日 20 时;(d)~(f)为 18 日 05 时

运动区,垂直速度>1.0 m·s^{-1},上升运动最强在 600~700 hPa 高度,达 1.2 m·s^{-1}以上;18 日 04 时 31°N 附近地区 900~200 hPa 为上升运动区,在 800~300 hPa 高度层是强上升运动区,垂直速度>1.0 m·s^{-1},上升运动最强在 400~300 hPa 高度,达 2.1 m·s^{-1}以上。

丁一汇的研究[11]表明,天气尺度系统如锋面、气旋、高空槽等并不一定是直接造成暴雨的天气系统,天气尺度系统中的上升运动一般只有几 cm·s^{-1},在水汽供应充分的条件下,降水强度只有 1~2 mm·h^{-1};而中尺度天气系统常常直接造成暴雨,其上升运动为

10 cm・s^{-1}～1 m・s^{-1},降水强度可达或超过 10 mm・h^{-1}。本文的研究也支持了这一结论,但同时也发现,梅雨锋、热带低压提供了有利于中尺度系统发展的低空急流、水汽、能量积聚等背景,后者所直接导致的强烈上升运动造成了强降水;上升运动强盛时段与强降水时段有较好的相关性。

4　主要结论

(1)东北冷涡少动、西太副高强盛、长江中上游短波槽东移有利于副高西北侧与西风带南侧过渡区域的冷暖空气交汇、水汽集聚和动力抬升,提供了这次梅雨期上海大暴雨过程的环流背景。

(2)与西风槽和热带低压倒槽相联系的两支低空急流的长时间维持,尤其是超低空急流和中低空急流的耦合配置和维持,为大暴雨源源不断提供水汽和能量,维持不稳定层结,触发中尺度对流。

(3)在此次暴雨发生前后,水汽通量输送、垂直上升运动、垂直涡度、散度均体现出了特殊的变化特征(如最大垂直速度的高度位置、水汽通量的强度变化),对暴雨的诊断和预报有一定的指示意义。

(4)基于水平分辨率为 9 km 的 WRF 中尺度模式可以基本模拟出此次大暴雨过程。因此,在梅雨业务预报中可加强对数值模式的应用(考虑到暴雨预报的不确定性,可尝试与集合预报结合,而不依赖于更高分辨率的模式,以节约计算资源)。

参考文献

[1] 陶诗言,卫捷,张小玲. 2007 年梅雨锋降水的大尺度特征分析[J].气象,2008,34(4):3-15.

[2] 周宏伟,王群,裴道好,等. 苏北东部一次梅雨锋大暴雨过程多尺度特征[J].气象,2011,37(4):432-438.

[3] 张端禹,徐明,李武阶,等. 湖北一次梅雨大暴雨分析[J].气象科技,2012,40(3):428-435.

[4] 隆霄,程麟生,文莉娟. "02.6"梅雨期一次暴雨 β 中尺度系统结构和演变的数值模拟研究[J].大气科学, 2006,30(2):327-340.

[5] 谢义明,周国华,徐双柱. 长江下游一次大暴雨的中尺度模拟分析[J].气象,2005,31(11):55-60.

[6] 张冰,胡隐樵,傅培健. "03.7"梅雨峰暴雨的中尺度模拟与诊断分析[J].高原气象,2005,24(3):278-384.

[7] 贺哲,沈桐立. 一次梅雨锋暴雨过程的模拟诊断分析[J].南京气象学院学报,2004,27(4):487-494.

[8] 张德林,马雷鸣. "0730"上海强对流天气个例的中尺度观测分析及数值模拟[J].气象,2010,36(3):62-69.

[9] Ma Leiming,and Tan Zhemin. Improving the behavior of the cumulus parameterization for tropical cyclone prediction:Convection trigger[J]. *Atmospheric Research*, 2009,**92**:190-211.

[10] Yu X, and LEE T Y. Role of convective parameterization in simulations of a convection band at grey-zone resolutions[J]. *Tellus A*, 2010,**62**:617-632.

[11] 丁一汇. 高等天气学(第 2 版)[M].北京:气象出版社,2005:423-443.

Case Study on Torrential Rainfall in Yangtze River Delta Region during Meiyu Period

ZHANG Delin[1]   *MA Leiming*[2]   *LU Jialin*[1]   *BU Chunhua*[1]

（1 *Qingpu Weather Office*, *Shanghai*　201700；2 *Shanghai Typhoon Institute*, *Shanghai*　200030）

Abstract

A rainstorm during 17－18 June 2012 in Meiyu period of Yangtze River Delta region was studied based on Doppler radar, AWS observations and mesoscale numerical model WRF. The synoptic system was analyzed, and the mechanism of evolution and effect in the mesoscale system were diagnosed. The results showed that under the background of MeiYu front and typhoon inverted trough, there existed two low-level jets for long time, especially the super low-level jet, which continuous water vapor from sea to the area transport and converge. The jets provided rainstorm area with water vapor and instability energy. It caused and maintained unstable stratification, thus triggering mesoscale convection. In addition, with high-level divergence sustaining, convergence and ascending motions would be strengthened at mid-lower levels. It leads to development of convection and strong raining.

一次包含多种对流天气的春季强对流过程分析

严红梅　黄　艳　陆　韬　尚春云

(浙江省金华市气象局　金华　321000)

提　要

本文应用天气学分析和物理量诊断方法,选用常规气象资料、雷达探测资料、自动气象站资料和美国国家环境预测中心(NCEP)再分析资料,对 2014 年 3 月 19 日发生在浙江大部分地区的强对流天气进行了分析。分析结果表明:此次强对流发生在具有前倾结构高空槽前,700 hPa 强盛的低空西南急流有利于热力不稳定增长、输送水汽、维持低空垂直切变及触发赣浙地区不稳定能量释放的抬升运动,200 hPa 存在西南偏西高空急流,高低空急流耦合形成强烈垂直上升运动,地面冷锋南压,弱冷空气渗透,触发了此次强对流天气的形成;强回波单体演变成弓形回波,且多个弓形回波移动、生消、合并中浙江省出现大范围的强对流天气(包括短时强降水、雷雨大风、强雷电、冰雹),弓形回波特征典型,有明显的后侧入流急流 RIJ,中层辐合明显,可提前 20～30 min 预警雷雨大风和短时强降水;空中的三体散射长钉(TBSS)回波特征,可用于提前 15～22 min 预警大冰雹。

关键词　强对流　不稳定　弓形回波　TBSS

0　引　言

暴雨、冰雹和雷雨大风等强对流天气都是由中小尺度天气系统直接产生的,文献[1—6]对国内外的强对流单体个例,如强降水、雷雨大风单体弓状回波特征,冰雹单体的 TBSS 特征和下击暴流的辐散特征进行过分析;郑媛媛等[7]对不同类型大尺度环流背景下强对流天气的短时临近预报预警进行了深入的研究,通过从形成机制的差异性进行分类,有助于更好地把握各种强对流过程中不同的天气特征、系统配置、动力热力特征及其短期潜势分析重点。浙江地区除了夏季,春季也是强对流的高发季节,春季冷暖气流活跃,频发雷雨、大风、冰雹和短时强降水等对流性天气,往往造成严重的经济损失,及时做好技术总结,有利于加强对这方面的系统活动规律的认识,从而提高预报准确率,目前,许多学者对春季强对流天气进行了一定的研究,季致建[8]分析了 1987 年春季华东地区的 5 次强对流天气过程,发现春季强对流在能量和热力因素上反映明显,而动力因素的规律不明显;陈涛等[9]对 2010 年 5 月 5—7 日中国南方春季大范围强对流天气过程进行分析,发

资助项目:浙江省青年项目(2014QN20)。

作者简介:严红梅(1981—),女,江苏吴江人,硕士,工程师,主要从事短期、短时预报工作等有关领域的研究;

　　　　　E-mail:Yanhongmei716@163.com

现环境场三维动力结构、水汽条件和热力不稳定条件配置的差异造成对流发展的多样化;黄冲等[10]对一次春季强对流过程的多普勒雷达回波特征进行了分析,找出了一些春季强对流天气发生发展中的雷达回波特征;朱泽伟等[11]对浙中金华地区 2013 年 3 月 20 日春季雷暴天气进行了分析,发现当高空西南气流较强时,尤其是达到急流标准时,虽然低层没有明显的切变线影响,但在高空槽前上下一致的西南急流的动力作用和地面倒槽辐合抬升下,仍会产生比较明显的强雷暴天气。

2014 年 3 月 19 日中午到前半夜一连串的带状回波横扫浙江省大部分地区,受其影响,全省共发生地闪 15203 次,有 61 个站出现 30 mm/h 以上降水,12 个站出现 10 级以上大风,最大台州临海永丰出现 12 级大风,台州、温州、金华、杭州淳安的 15 个县(市)出现冰雹,最大冰雹直径 33 mm 出现在台州洪家,其中台州受灾较严重。本文基于常规气象资料、探空资料、NECP 资料、雷达资料,利用天气学分析及物理量诊断方法,从雷暴过程的大气环流形式特征以及垂直结构等方面探讨该过程的特点和成因,以期为今后同类灾害性天气事件的分析、监测和预警预报提供有益探索和思路。

1 环流形势

2014 年 3 月 19 日 08 时高空 200 hPa 浙中地区有一支明显的西南偏西急流(图略),500 hPa 中高纬呈西高东低形势,在我国漠河一带有个−36 ℃的冷中心,东北北部有一横槽,对应地面在蒙古国中部有一中心为 1055 hPa 的高压,槽后等高线与等温线交角较大,有利于冷空气在槽后堆积,并随着横槽的转向,扩散南下;而低纬度地区,高空南支槽位于105°E 附近。中低层 700 hPa 以下有强盛的西南暖湿急流,急流核位于粤北到浙西一带,850 hPa 以下有低涡切变发展,850 hPa 切变位于江淮以南地区,切变南侧均为西南暖湿气流,低层切变和急流形成低层辐合系统,且 850 hPa 切变落后于 700 hPa 和 500 hPa 槽,是一个明显的前倾槽结构,有利于形成对流不稳定(图 1)。地面图上静止锋从西南地区到长江入海口一带,强对流天气发生前,处于暖低压,且浙江全省白天温度都较高,高温、

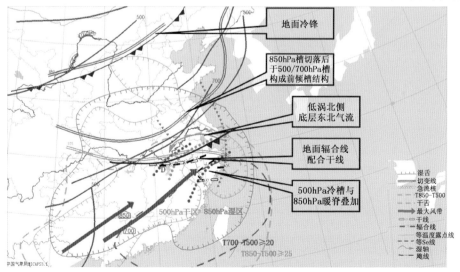

图 1 2014 年 3 月 19 日 08 时分析图

高湿,低压槽内有中尺度辐合线配合干线,为中尺度对流系统发展提供有利条件。

综上所述,上层干冷下层暖湿的结构提供了很好的不稳定层结,地面有辐合线、干线配合低压后部冷平流,加上浙北弱冷锋南压,弱冷空气渗透触发了这次强对流过程。

2 物理量场分析

2.1 探空资料分析

2014 年 3 月 19 日 08 时台州洪家、衢州、杭州 3 站的探空曲线图显示(图 2),衢州、杭州和台州洪家 3 站的 0~6 km 风切变都在 21 m/s 以上,强风切变有利于超级单体、飑线等有组织的强对流风暴的形成,3 站 0~1 km 风切变也都很大,低层垂直风切变也较大。3 站探空图上可以看出,对流层中低层,水汽条件较好,PW 值分别为台州 3.13 cm,衢州站 3.41 cm,杭州站 2.92 cm,为短时强降水出现提供好的水汽条件。由表 1 可知,08 时

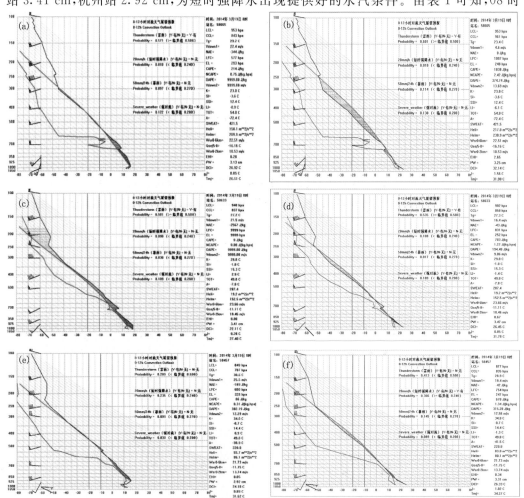

图 2　2014 年 3 月 19 日 08 时台州洪家站探空曲线图(a)和订正后 14 时探空曲线图(b)、08 时
衢州站探空曲线图(c)和订正后 14 时探空曲线图(d)、08 时杭州站探空曲线图(e)和
订正后 14 时探空曲线图(f)

衢州 CAPE 值为 0、杭州站为 86 J/kg、台州站为 214 J/kg，对 14 时探空曲线进行订正后 3 站的 CAPE 值明显增大，特别是台州站达到 1838 J/kg（一触即发），LI 值为负，有较大的不稳定能量，且台州站 850～500 hPa 温度差为 28 ℃，各站的 0 ℃层和−20 ℃层高度也处于中国产生冰雹的高度范围[12]，以上条件都有利于雷暴的发生，特别是台州对强雷暴的产生非常有利。

表 1   台州洪家、衢州、杭州 3 站对流指数

探空站	CAPE(08 时) (J/kg)	$\Delta\theta_{se}$ (℃)	K (℃)	SI (℃)	LI (℃)	0 ℃高度 (m)	−20 ℃高度 (m)	CAPE(14 时) (J/kg)
衢州	0	−9	29	−1.16	3.48	4084	6724	703
杭州	86	−10	34	−0.81	11.26	3763	6198	678
台州	214	−15	23	−3.75	5.27	4007	6605	1838

2.2   不稳定条件分析（NECP 再分析资料）

强对流发生前 19 日 02 时和 08 时浙江省（26°～31°N，118°～122°E）850 hPa 的假相当位温 θ_{se} 在 32.5 ℃以上，浙江处于能量锋区里，强对流发生后 14 时和 20 时图上 θ_{se} 明显减弱，能量区东移南压（图 3）。且当天 08 时 850～500 hPa 假相当位温差值≥10 ℃（图 4）与张素芬等[13]得到的冰雹天气过程发生前 6～8 h 的 $\Delta\theta_{se\,850-500}$ 在 5.5～21.3 ℃的结论也是符合的。3 月 19 日 14 时 850～500 hPa 温差（图 5b），浙江的中南部 850 hPa 与 500 hPa 的温差达 26 ℃以上，金华地区为 26～28 ℃之间，强对流明显的地区偏向 850～500

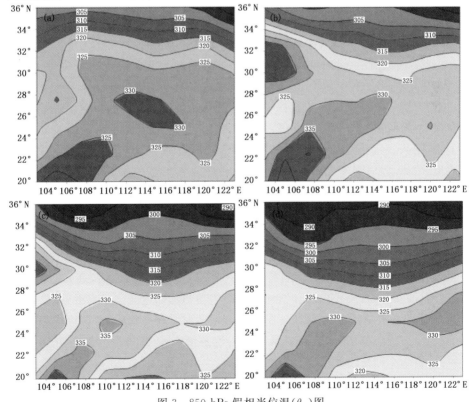

图 3   850 hPa 假相当位温（θ_{se}）图

02 时（a）；08 时（b）；14 时（c）；20 时（d）

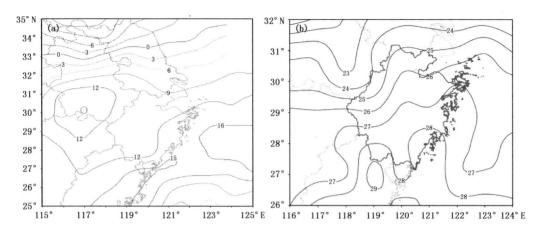

图4　2014年3月19日08时假相当位温差850～500 hPa(a)和14时850～500 hPa温差(b)

hPa温差大值区,温差最大达28 ℃以上,中心位于台州和温州一带,和本次强对流主要落区相一致。

3 雷达资料分析

3.1 整个过程的雷达回波概述

从浙江全省雷达拼图来看(图略),上午10时前后就有混合型回波在安徽地区发展,呈东移南压趋势,在整个回波块南侧,移动方向的右侧不断有对流单体生成、增强,并向右传播,13时前后回波前沿已经连成两条带状线,前线到达富阳－建德－开化一带,在该带状回波上有多个强回波单体发展,回波中心强度超过50 dBz,特别是建德地区回波块中心强度超过60 dBz,在东移南压的过程中,后一条回波带逐渐移近前一条回波带,14时30分前后与前一条回波带合并,其强度进一步增强,之后合并后的带状弓形回波自西北—东南横扫金华、绍兴、台州、温州等地,期间不断持续着单体新生、加强、发展、消亡的过程,大范围的冰雹、大风、短时强降水伴随着合并后的强对流带在其东移发展过程中相继出现,一直持续到22时以后回波东移南压至福建北部及海上,整个过程对浙江地区影响结束。

3.2 金华、台州地区发生雷雨大风冰雹的回波情况

13:48有南北两个回波块先后进入金华的浦江境内,分别开始不断加强发展,造成浦江地区大范围强雷电和小冰雹,这两个回波块移速较快,在两个体扫后就移出浦江境内,因此并无短时强降水出现。14时以后衢州地区的回波不断东移北抬,进入兰溪境内,此时衢州、建德、浦江多地已经出现短时强降水,而兰溪西北部地区已经有雷阵雨出现,此时无大风记录,到14:28从建德东部－兰溪－龙游地区形成一弓状回波,雷达观测到低层反射率因子图上已经呈现后侧入流缺口及后侧入流急流,0.5°仰角径向速度图上入流达到17 m/s,2.4°和3.4°仰角速度图上入流甚至达到24 m/s以上,金华的兰溪和浦江地区、衢州的龙游地区及建德地区已有多个站点出现短时强降水,此时多站风力增大到10 m/s以上,该弓状回波自西北往东南方向移动,14:52经过金华北山时触发出两条新的弓状回波,原弓形回波很快减弱消散,两条新的弓形回波继续东移影响金华、衢州、丽水大部分地

区,影响金华南部及衢州南部和丽水一线的弓形回波组织结构松散,造成了以短时强降水为主的强天气,影响金华东部的弓形回波在15:35之前结构很均匀(线性),之后结构有所变化,密实的线风暴重新排列逐渐变为非线性,且有断裂趋势,该弓形回波经过东阳、磐安等地时,回波强度达到60 dBz以上,15:40出现明显的后侧入流急流RTJ和中层径向辐合(图略),在千祥和磐安边界出现了中气旋,该中气旋持续了两个体扫(图5)。

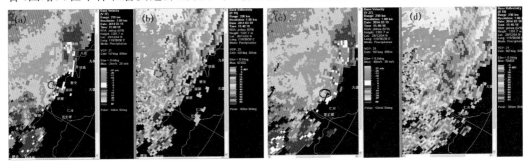

图5　2014年3月19日15:40雷达速度图(圆圈标注为中气旋)(a)15:40雷达 强度图(b);
15:46雷达速度图(圆圈标注为中气旋)(c);15:46雷达 强度图(d)

该弓形回波到达磐安的新渥等地时出现了冰雹(图6),出现冰雹时,最强反射率因子达到了60 dBz以上,50 dBz回波伸展到9 km以上(当天-20 ℃高度线不超过7 km,同

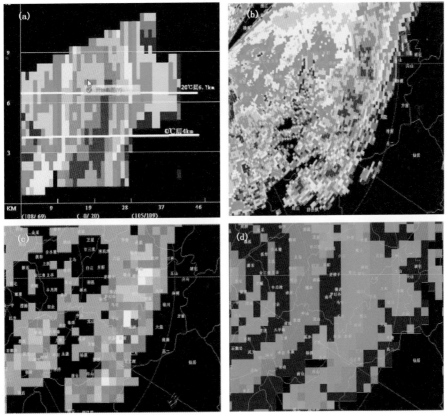

图6　2014年3月19日15:52的剖面RCS(a);反射率因子R(b);垂直液态积分水
含量VIL(c);回波顶高ET(d)

时 0 ℃层距离地面高度不超过 4.5 km),由于有冰雹粒子的影响,VIL 值不是很大,VIL 为 53 kg/m²,回波顶高 11 km。

影响磐安地区的弓形回波不断东移发展,到达台州境内不断加强,16:34,低层反射率因子图上的后侧入流缺口及后侧入流急流达到最强,0.5°仰角径向速度图上入流达到 24 m/s,到 17:15 分(图 7a)回波强核上(2.4°仰角)、下(0.5°仰角)层位置偏离 8~10 km,有明显的回波垂悬结构,中层径向辐合明显,见图 7c,结合回波剖面图可以看到有界弱回波区,同时最强回波达到了 65 dBz,50 dBz 强回波扩展到 10 km 以上,65 dBz 强回波扩展到 8 km 以上,当天台州地区−20 ℃层高度为 6.6 km,强回波扩展的高度明显超过−20 ℃层高度,发生冰雹的可能性已经很大了。而且当时在 0.5°仰角上(图 8),椒江附近 4.5~

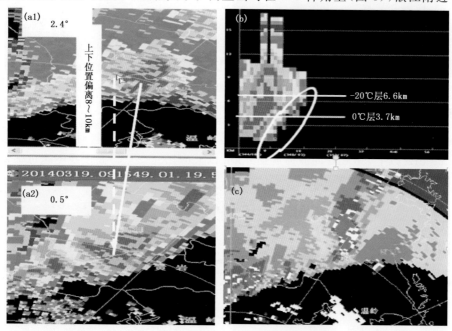

图 7　2014 年 3 月 19 日 17:15 分 2.4°和 0.5°仰角反射率因子图(a1,a2);
反射率因子剖面图(b);2.4°仰角速度图(c)

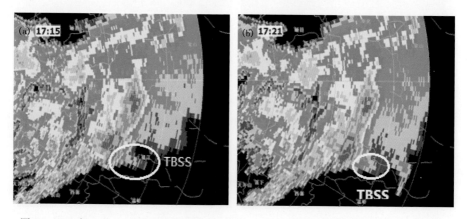

图 8　2014 年 3 月 19 日 17:15(a)和 17:21(b)0.5°仰角持续了两个体扫的三体散射图

5.5 km 高度处还出现了明显的三体散射（TBSS），由于 0℃层高度较低，因此可以考虑立即发布冰雹预警。17:37 台州洪家出现 3.3 cm 的大冰雹，这次三体散射提前约 20 min 出现，对大冰雹有很好的提示作用。

基本上大部分地区受强天气影响的时间主要和弓形回波移速和发展强度有关，从受弓形回波影响到金华各地陆续出现雷雨大风、冰雹、短时强降水和强雷电等对流天气，中间可以有相对准确的 10~30 min 的预警时间。

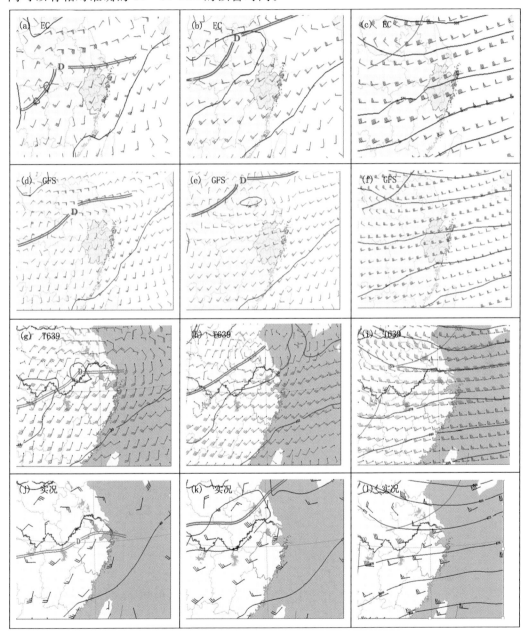

图 9　欧洲中期天气预报中心全球模式（简称 EC）、美国 NCEP 全球预报系统（简称 GFS）和我国全球谱模式（简称 T639）2014 年 3 月 17 日 20 时起报的 19 日 08 时 925 hPa（图 9a、d、g、j）、850 hPa（图 9b、e、h、k）、500 hPa（图 9c、f、i、l）36 h 预报形势场和实况场

4　数值预报分析

这次过程虽然各层形势对产生雷暴非常有利,但实际预报效果却一般,从图9中3个业务中心数值预报来看,EC预报的925 hPa低涡中心偏西,850 hPa低涡切变偏北,500 hPa急流偏弱;GFS预报的925 hPa低涡中心略偏北,850 hPa低涡切变偏北,各层风场均偏弱;T639预报的形势相比EC和GFS的预报要好些,但925 hPa低涡切变位置略偏北。因此都存在底层低涡切变位置偏北、风场预报偏弱等问题,同时当天降水落区预报(图略)反而是EC和GFS降水预报的落区较好,T639落区相对差些,但总体来讲,降水量级都偏小,因此,前一天的数值预报对整个雷暴过程的预报参考价值也偏弱。

5　小结与讨论

(1)本次过程是冷锋、高空冷槽与底层暖脊叠加、强的热力不稳定环境场、底层切变引发雷雨大风、短时强降水和局地冰雹的强对流天气。

(2)本次冰雹主要出现在金华、台州、温州和杭州的淳安(与金华交界处),最大冰雹直径33 mm(出现在台州),从探空图上可以看到,杭州站的0 ℃层高度相对偏低,为3763 km,因此以局部小冰雹为主,台州的0 ℃层高度为4007 km,相比杭州条件好一些,但也不是太理想,因此也没有出现大范围的大冰雹,在0 ℃层高度和-20 ℃层高度条件方面和台州站差不多,但在不稳定指数条件方面也是浙西北比浙东南相对差一些,而金华正好介于衢州和台州之间,这可能就是衢州无明显冰雹出现,金华却出现小冰雹的原因之一,而台州地区却出现了大范围的雷雨大风和冰雹。

(3)这次过程虽然有合适的0 ℃和-20 ℃层高度,但考虑早上CAPE值较低,且衢州站订正后也不高,并且700 hPa以下湿度较大,预报时重点考虑在强降水方面,对"湿对流"产生冰雹天气方面研究不够,同时该过程冰雹、雷雨大风、雷电、短时强降水出现的区域以及山脉的地形作用等还未有深入分析,有待更多个例的分析总结。

(4)该过程中所有出现冰雹的回波强度都超过60 dBz,因此,发现有超过60 dBz的回波就要警惕可能有小冰雹出现,三体散射长钉特征到大冰雹出现有15~22 min,可作为指标用于大冰雹的临近预报,至于小冰雹,此次过程中并未出现TBSS。

参考文献

[1] 郑媛媛,俞小鼎,方翀,等.一次典型超级单体风暴的多普勒天气雷达观测分析[J].气象学报,2004,**50**(3):37-40.

[2] Witt A, *et al*. An enhanced hail detection algorithm for the WSR-88D[J]. *Wea Forecasting*, 1998,**13**:286-303.

[3] Lemon A R. The radar "Three-Body Scatter Spike":An operational large-hail signature[J]. *Wea Forecasting*, 1998,**13**:327-340.

[4] Fujita T T. *The Downburst*[M]. SMRP Research Paper 210. Chicago:University of Chicago, 1985:1-122.

［5］ 唐小新,廖玉芳. 湖南省永州市 2006 年 4 月 10 日龙卷分析[J]. 气象,2007,**33**(8):23-28.

［6］ Moller A R, *et al*. The operational recognition of supercell thunderstorm environments and storm structures[J]. *Wea Forecasting*, 1994,**9**:327-347.

［7］ 郑媛媛,姚晨,郝莹,等. 不同类型大尺度背景下强对流天气的短时临近预报预警研究[J]. 气象,2011,**37**(7):795-801.

［8］ 季致建. 春季强对流天气的物理量特征及超短期预报[J]. 气象,1989,**15**(04):41-44.

［9］ 陈涛,张芳华,宗志平. 一次南方春季强对流过程中影响对流发展的环境场特征分析[J]. 高原气象,2012,**31**(4):1019-1031.

［10］ 黄冲,方桃妮,金成. 一次春季强对流过程的多普勒天气雷达特征分析[J]. 大气科学研究与应用,2011(1):70-75.

［11］ 朱泽伟,范娟,郭在华. 浙中金华地区 2013 年 3 月 20 日春季雷暴天气过程研究分析[J]. 成都信息工程学院学报,2014,**29**(4):444-448.

［12］ 章国材. 强对流天气分析与预报[M].北京:气象出版社,2011.

［13］ 张素芬,鲍向东,牛淑贞,等.河南省人工消雹作业判据研究[J].气象,1999,**25**(9):36-40.

Analysis of a Spring Thunderstorm Weather Process Including Some Kinds of Convective Events

YAN Hongmei　　*HUANG Yan*　　*LU Tao*　　*SHANG Chunyun*

(*Jinhua Meteorological Observatory of Zhejiang Province*, *Jinhua*　321000)

Abstract

By using the synoptic analysis and physical quantity diagnosis method, and selecting the conventional weather data, radar, AWS data and the NCEP reanalysis data, the convective events occurring on March 19, 2014 in Zhejiang Province were analyzed. Results have shown that, the strong convective weather occurred in forward-tilting trough, and the strong low-level jet on 700 hPa provided favorable condition for increasing the thermal instability energy, transporting a large amount of vapor, maintaining low-level vertical wind shear and releasing unstable energy in Jiangxi and Zhejiang provinces. The WSW upper-level jet on 200 hPa coupling with the low-level jet caused by strong vertical ascending motion, the cold front south downward caused weak cold air infiltration, thus triggering the emergence of the severe convective weather. After the strong echo evolved into bow radar echo, in the process of these bow echoes generating, moving, merging and disappearing, short-time strong rainfall, thunderstorm gale, strong thunder and lightning, hail, etc occurred in most area of Zhejiang. The bow echoes had obvious rear inflow jet(RIJ) and middle-level radial convergence, but no gust front appeared. The bow echo can be used to issue flash flooding and thunderstorm gale warning ahead of 10 to 30 minutes. The TBSS (three-body scatter spike) feature can be used to issue big hailstorm warning ahead of 15 to 22 minutes.

台风"麦德姆"引发德安县特大暴雨临近预报分析

叶民华[1,2]

（1 江西省德安县气象局　德安　330400；2 南京信息工程大学应用气象学院　南京　210044）

提　要

应用卫星、雷达、自动站、GPS/MET 等观测资料对 2014 年第 10 号台风"麦德姆"于 7 月 24 日影响德安县境内而引发的特大暴雨过程，进行了台风暴雨短时临近预报技术应用分析。结果表明：本次特大暴雨过程具有明显的中小尺度特征；台风外围螺旋式的东北风与地面弱冷空气的交汇，为当地暴雨的产生提供了充足的水汽和能量条件；台风外围稳定的东北气流中低层急流带，为中小尺度对流云团发生发展提供了有利环流场。特殊的凹型"尖底瓶"地形为降水起到了增幅作用。GPS 整层大气可降水量增减趋势和中低空急流层厚度的变化在短时临近预报中具有明显的预报指示性。

关键词　台风　特大暴雨　临近预报

0　引　言

登陆台风造成的灾害往往由暴雨引起，而台风登陆后，在陆上维持多久，在什么地点能否引发特大暴雨而导致灾害，是政府防灾减灾非常关注的问题，也是气象科研和业务工作者所面临的预报难题。尽管目前关于台风暴雨研究取得相当进展，然而对台风登陆后的暴雨强度和分布预报仍然十分困难[1,2]。在现阶段业务预报中，有效的客观预报指导产品还显不足，尤其缺乏精细化的客观风雨预报产品，如何充分发挥现代化气象探测资料的优势，提升预警预测能力，显然短时临近预报是一种有效手段。临近预报技术的研究也是广大气象工作者面临的一项重要任务[3,4]。

本文应用短时临近预报技术对 2014 年第 10 号台风"麦德姆"暴雨过程进行了分析。分析中，充分发挥短时临近预报技术优势，对短期—短时—临近预报进行了逐步跟进和对预报思路进行了连续修正，进而弥补前期预报中出现的偏差和不足之处，为当地有效地抗洪救灾起到了关键作用。现将本次过程的短临预报技术进行总结，为今后登陆台风强降水预报工作提供参考。

资助项目：国家自然科学基金（71373130）。

作者简介：叶民华（1960—），男，江西人，工程师，主要从事短期和短时临近天气预报研究；E-mail：deanyeminhua@163.com。

1　台风"麦德姆"对德安的影响

2014 年第 10 号台风"麦德姆"于 7 月 23 日 15 时 30 分前后在福建省福清市高山镇沿海登陆,登陆时强度减弱为强热带风暴级。2014 年 7 月 24 日凌晨 02 时,其中心位于福建省三明市东侧约 50 km 处,在台风西北方距离中心 420 km 以外螺旋云带上有一对流云团新生并强烈发展,导致德安县出现突发性特大暴雨,并引发了超过 1998 年最高水位的山洪内涝,同时产生了泥石流、山体滑波等严重的地质灾害,造成了人员伤亡和重大的经济损失。

24 日 02 时至 24 日 20 时,德安县境内 15 个乡镇,其中有 5 个特大暴雨、5 个大暴雨、1 个暴雨、3 个大到暴雨。日最大降雨量达到 541.4 mm,为该县有气象记录以来最强降雨。此次过程具有降水强度大、暴雨历时长的特点。

2　台风"麦德姆"螺旋云系的动态特征

利用卫星云图动画显示系统可以清晰地揭示出台风"麦德姆"螺旋云系的动态特征,同时还可以显示出本地暴雨云团的变化特点。应用卫星云图动画显示系统与逐时降雨量分布资料进行对比分析,从中可以了解造成德安县局地特大暴雨对流云团发生发展与降水的关联性。

2.1　云团的发生发展迅速

由卫星云图动画分析表明,2014 年 7 月 24 日 02 时,台风"麦德姆"中心位于福建省三明市东侧约 50 km 处,在距离中心西北方 420 km 以外螺旋云带上,在江西省庐山西侧附近地区有对流云团新生,02 时 30 分迅速发展,进入德安县境内;03 时 15 分,这时强烈发展的对流云团与原有螺旋云团组合,形成强的暴雨云团。暴雨云团从新生到在本地发展旺盛仅用了 1 h 30 min。

2.2　云团稳定发展持久少动

7 月 24 日 03—08 时,台风"麦德姆"正以每小时 25～30 km 的速度向北方移动,中心位于福建省武夷山境内,距离德安县由 380 km 缩短到 270 km。台风"麦德姆"螺旋云带上本地的暴雨云团在 24 日凌晨 02 时开始生成发展,清晨发展最旺盛,并且稳定发展持久少动,08 时台风"麦德姆"强度开始减弱为热带风暴,并进入江西省境内,本县雨强有所减小,但在 10—13 时又有新一轮暴雨云团旋转而至。下午 14 时减弱,17 时台风"麦德姆"螺旋云系移出。整个过程历时约 15 h。

2.3　云团螺旋转动导致多个暴雨云团连续影响

台风"麦德姆"螺旋云系卫星动态显示,本次特大暴雨的发生并非单一云体而致,而是多个暴雨云团串联连续影响造成的。从 7 月 24 日凌晨 02 时开始,当台风"麦德姆"中心还位于福建省三明市东侧约 50 km 处时,距离中心西北方 420 km 以外螺旋云带上有一对流云团新生并强烈发展,并随着登陆台风"麦德姆"的移动不断北上。06—08 时,台风"麦德姆"螺旋云带上发展最旺盛的多个暴雨云团串联列队轮番影响德安,并出现超强降水区(每小时雨量在 90～125 mm),3 h 降雨量局部最大达到 288 mm。08 时台风"麦德姆"强度减弱为热带风暴,并进入江西省境内,德安县雨强有所减小,但在 10—13 时又有一轮暴雨云团旋转而至,出现新的强降水区(每小时雨量在 30~45 mm)。

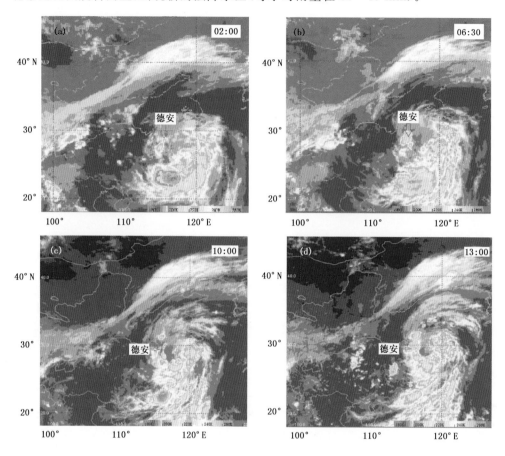

图 1　2014 年 7 月 24 日 02:00(a),06:30(b),10:30(c),13:00(d)
台风"麦德姆"云图(时间为北京时,下同)

3　雷达资料分析

3.1　基本反射率

　　7 月 24 日 02 时 12 分,雷达观测显示在庐山东北方附近有 3 个单体对流呈东北—西南向排列生成。02 时 18 分,对流云团迅速发展同时随环境气流逆时针旋转到庐山北部。02 时 24 分对流云团继续发展,并且逆时针旋转至庐山西部。02 时 36 分对流云团沿着庐山山脉西部的马回岭,进入德安县境内,对流云团回波强度达到 55~63 dBz。至此以后,03—08 时,第一轮暴雨对流云团不断沿着庐山山脉的西部涌入,回波强度带集中在德安县境内中部,宽度仅有 20~30 km,回波强度最高值达到 67 dBz,回波顶高达 17.1 km,如图 2 所示。09 时 24 分,第二轮暴雨对流云团回波在庐山山脉的西部生成,随后,在台风"麦德姆"螺旋外围的东北气流的作用下,不断有新的暴雨对流云强回波出现,形成第 2 峰值的大暴雨强降水。

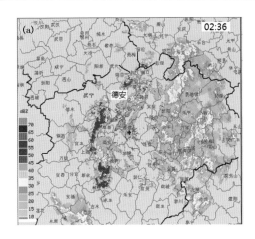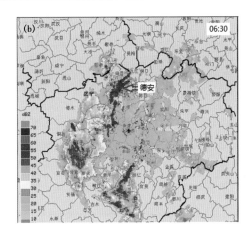

图 2　2014 年 7 月 24 日 02:36(a)和 06:30(b)南昌雷达 1.5°仰角基本反射率图

3.2　雷达降水产品的应用

多普勒雷达具有较完善的降水处理系统,为短时临近预报提供了便利。如图 3 所示,通过多普勒雷达 1 h 累计降水产品 OHP 分析发现:

(1)7 月 24 日 03 时,OHP 显示仅有 19.05 mm。04 时对流云团迅速发展,OHP 显示已达 63.5 mm。05 时对流云团继续发展,OHP 显示高达 76.2 mm。06 时,OHP 显示攀升到 101.6 mm。07—08 时,OHP 显示维持在 101.6 mm。06—08 时的 3 h 内,由于暴雨对流云团不断沿着庐山山脉的西部涌入,超强降水带集中在德安县境内中部一线,出现第一轮特大暴雨。

(2)第 1 波暴雨对流云团随着台风"麦德姆"螺旋云系的转动移出本地,08 时之后,降水强度出现 2 h 短暂的减弱态势。7 月 24 日 10 时 12 分,OHP 显示达到 44.5 mm,说明在庐山山脉的西部附近地区又有新的对流云团生成并产生强降水,新生暴雨对流云团再次沿着庐山山脉的西部不断涌入,仍然集中在德安县境内中部一线。11 时 06 分,OHP 最高值显示达到 88.9 mm。出现第 2 轮强降水天气。

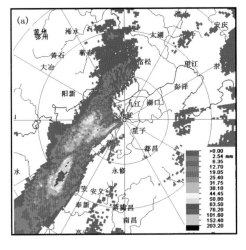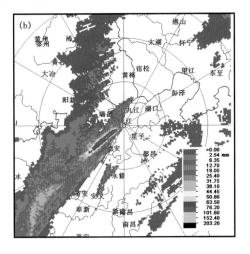

图 3　2014 年 7 月 24 日 05:00(a)和 06:00(b)九江雷达 1 h 累计降水产品 OHP 图

3.3　雷达风廓线产品的应用

本次台风"麦德姆"特大暴雨临近预报过程中,采用海拔高度位于1374 m,距离德安县仅有20 km的九江雷达风廓线资料,进行1 h雨量临近预报技术分析。从图4可知,02—08时德安县上空9.1 km以下均为台风"麦德姆"螺旋外围的东北气流区,并且维持较长时间,在1.5～9.1 km处,风速在10.0～21.6 m/s。而在5.5 km以下,有明显的12.0～21.6 m/s急流层;10～14时由东北气流渐变为偏北气流,风速维持在10.0～17.0 m/s并进一步向10.7～12.2 km层扩展,说明了随着台风"麦德姆"的登陆北上过程中,影响系统在加强,其中心距离德安县由420 km缩短到200 km,但该中心仍位于江西省上饶市境内。15—17时维持偏北气流,风速为12.0～18.5 m/s的急流层厚度由5.5 km降低到1.5 km处,降水强度明显减弱。此时,台风"麦德姆"移出江西省上饶市境内继续北上。

从雷达风廓线资料中,可以很直观地显示这次台风"麦德姆"东北气流风场在本地的垂直结构和持久存在的特征;中、低空急流的脉动与降水强度的增强有着紧密的联系;而中低空急流层厚薄的变化,向上扩展或向下递减,可以清晰地反映台风"麦德姆"引起的降水加强幅度和减弱过程。这种台风螺旋式云系外围的东北风场说明了水汽供应充沛,低层气流辐合性较强,垂直对流旺盛,是这次强降水发生的有利条件,给当地暴雨的产生提供了充足的水汽和能量。

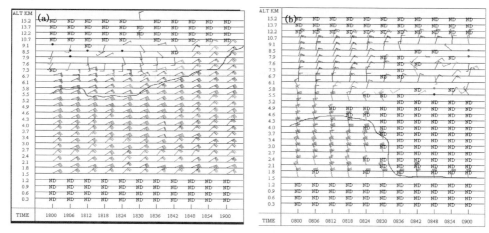

图4　2014年7月24日九江雷达风廓线图(VWP)

(a)02:00—03:00;(b)16:00—17:00

4　GPS水汽反演产品

在这次台风"麦德姆"特大暴雨强降水的过程中,GPS水汽反演产品可降水量特征有明显反映。在台风"麦德姆"影响期间,整层大气可降水量出现一对双峰高值点,分别对应在两轮强降水阶段之中,一个出现在02时45分,高达76.5 mm,另一个出现在13时30分,为76.7 mm。在02—08时第一阶段特大暴雨期间,其前6 h整层大气可降水量增幅达10.5 mm;10—14时第二阶段大暴雨期间,其前6 h整层大气可降水量增幅达4.2

mm;从 02 时 00 分至 17 时 00 分,在台风"麦德姆"影响期间整层水汽可降水总量都在 72 mm 以上。

对降水量大小的判断,不仅要看水汽总量值的大小,还要注意水汽总量的增幅,更重要的是看影响系统维持多久,水汽源的距离及水汽辐合区维持时间。同时,局地的稳定度条件,触发不稳定能量释放的动力抬升条件都是不可忽视的。

从本地的 GPS 水汽反演产品中可知,整层水汽可降水总量都在 72 mm 以上。这说明本地整层大气处在准饱和的高湿状态,具备产生特大暴雨强对流天气的水汽条件。

5 地面中小尺度系统分析

暴雨的产生是在有利的大尺度环境下由中小尺度天气系统直接形成的。应用区域站地面每小时风场,可以分析出本次过程地面有弱冷空气从西北方进入境内,与台风螺旋式云带外围的东北风交汇,在庐山西侧多次出现中小尺度辐合线和气旋性环流,而且有较强的局地性。地面中小尺度辐合线与特大暴雨中心有很好的对应关系,表明地面中小尺度辐合线所产生的辐合上升作用触发并加强了中小尺度对流云团的发生和发展,造成了中小尺度辐合线和气旋性环流附近地区的降水量加大。在 7 月 24 日 05—08 时和 11—12 时分别两次在庐山西侧马回岭至吴山附近地区出现中小尺度辐合线和气旋性环流,在其附近地区均对应暴雨强降水区,多次出现>50 mm/h 的降水,其中丰林出现两次 1 h 雨量 >100 mm 的降水。

6 特殊的凹型"尖底瓶"地形为降水起到了增幅作用

台风"麦德姆"螺旋式云带外围的东北气流为位于庐山西侧的本地中小尺度对流云团发生发展提供了有利环流场。从雨量分布上可知,主要降水中心呈弧线状分布在德安县境内的中部一线。以丰林镇的 541.4 mm 为中心,而在其东西两侧不足 20 km 处,雨量却 <80 mm,两者之间相差近 7 倍,这表明丰林镇附近地区的特殊地形对降水起了明显的增幅作用。

地形对降水的增幅作用主要有地形摩擦辐合、地形抬升、喇叭口地形的气流辐合作用及气流碰到山地的扰动等。而地形引起降水增幅作用主要有两个决定因素:一是低层风速,风速愈大增幅愈强;二是气流的暖湿厚度,一般来说,在具有深厚湿层(>700 hPa)的暖区,气流愈暖湿地形对降水的增幅愈大[5,6]。在台风影响的过程中,一般都具备这两个条件。本次台风"麦德姆"的降水增幅受地形作用极为明显。

如图 5 所示,德安县境内中部的特大暴雨区处在三条环形山脉组成的酷似一个凹型"尖底瓶"中,而丰林镇(降水量 541.4 mm)则处在凹型"尖底瓶"的尖底部。在"尖底瓶"瓶颈开口处的东侧是长约 25 km 呈东北—西南走向的椭圆形山体,其宽度约 10 km,绵延90 余座山峰的庐山,海拔高度最高峰达 1474 m。由于庐山山脉高,当台风东北气流从凹型"尖底瓶"瓶颈开口处沿着庐山山脉进入丰林镇时,受地形摩擦辐合、地形抬升、喇叭口地形的气流辐合作用,形成了局地的气旋性环流,气流辐合所产生的上升运动使得该地区的中小尺度对流云团发生发展迅猛,降水有明显增幅。

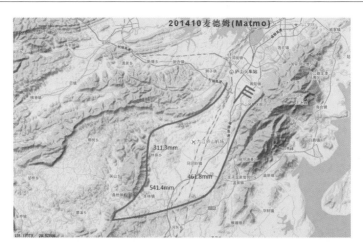

图5　德安县中部所在的"尖底瓶"地形示意图

7　小　结

(1)本次台风"麦德姆"特大暴雨过程受中小尺度系统明显影响的特征。台风螺旋式云带外围的东北风与地面弱冷空气的交汇,为当地暴雨的产生提供了充足的水汽和能量;其外围稳定的东北气流中低层急流带为中小尺度对流云团发生发展提供了有利环流场。

(2)GPS整层大气可降水量增减趋势和中低空急流层厚度的变化在短时临近预报中具有明显的指导性。

(3)特殊的凹型"尖底瓶"地形为降水起到了增幅作用,从而引发局地性显著的特大暴雨区。

(4)台风"麦德姆"在登陆福建后,深入内陆北上路径稳定,强度缓慢减弱,陆上维持时间较长,也是导致这一次特大暴雨过程的因素之一。

致谢:感谢上海台风研究所徐明副研究员和南京信息工程大学郝璐副教授在论文撰写过程中的指导和建议。

参考文献

[1]　程正泉,陈联寿,徐祥德,等.近10年中国台风暴雨研究进展[J].气象,2005,**31**(12):3-7.

[2]　许映龙,张玲,高拴柱.我国台风预报业务的现状及思考[J].气象,2010,**36**(7):43-49.

[3]　陈明轩,俞小鼎,谭晓光,等.对流天气临近预报技术的发展与研究进展[J].应用气象学报,2004,**15**(6):754-766.

[4]　郑永光,张小玲,周庆亮,等.强对流天气短时临近预报业务技术进展与挑战[J].气象,2010,**36**(7):33-42.

[5]　朱乾根,林锦瑞,寿绍文,等.天气学原理与方法(第四版)[M].北京:气象出版社,2000.

[6]　寿绍文,励申申,寿亦萱,等.中尺度气象学(第二版)[M].北京,气象出版社,2009.

Nowcasting analysis of Torrential Rain Arising from the Typhoon Matmo in De'an County

YE Minhua[1,2]

(1 *De'an Meteorological office of Jiangxi Province*,　*De'an*　330400; 2 *School of Applied Meteorology*, *Nanjing University of Information Science and Technology*,　*Nanjing*　210044)

Abstract

Based on the dataset obtained from satellite, Doppler radar, Automatic Weather Station(AWS), as well as GPS/MET, we analyze an extraordinary heavy torrential rainstorm process arising from No. 10 Typhoon Matmo on July 24, 2014 in De'an County by applying the short-term forecasting and nowcasting technology. The results show that the intersection of typhoon peripheral NE wind and ground weak cold air provides the sufficient water vapor and energy for this rainstorm. The typhoon peripheral sustained lower tropospheric jet within NE air current provides a favorable circulation field for the occurrence and development of small and meso-scale convective cloud cluster. The local special terrain, "The Sharp Bottom Bottle" makes contribution to precipitation. The trend of GPS atmospheric precipitable water and the thickness variation of lower troposphere jet play an important role in the short-term forecasting and nowcasting.

基于智能手机的专业(决策)用户气象服务系统

段项锁　　支　星　　李　科　　唐正兴

(上海市气象科技服务中心　上海　200030)

提　要

本系统以区县决策用户、专业用户为对象,以智能手机应用平台为信息载体,通过信息获取与数据库、服务产品制作、信息发布平台三个层次建设,依托上海市气象局信息中心和区县自动气象站的数据,加工专业化、个性化、精细化需求的气象服务产品,通过智能手机为决策用户、专业用户提供直通式、及时、便捷和实用的气象服务,从而整体上提高气象服务的水平和能力。本系统将气象信息与地图信息完美结合,在呈现地图、道路、地标的同时,展示实时温度、风速、湿度、降水等信息。突破了传统气象软件信息单一的缺陷。基于主动推送技术,主动将各种信息,尤其是气象预警信息,主动推送给用户,建立了一种实时性、针对性强的新型气象服务模式。

关键词　手机气象　防灾减灾　精细化　服务系统

0　引　言

在深入推进气象服务的进程中,服务信息成倍增长,受众面迅速扩大,服务需求呈现个性化、专业化和精细化的需求,以新媒体为载体气象的服务方式应运而生,充分利用新的技术和手段,全面提升气象服务水平是实现气象业务现代化的重要内容。气象服务在满足公众气象服务需求的同时,加工个性化、专业化、精细化以及面向多载体的气象服务产品,是拓展气象服务领域、满足个性需求、进行差异化气象服务的需求。

气象服务载体是气象服务的重要手段,基于互联网、广播电视、移动网络等互动智能终端系统应用系统,大大提升了气象服务手段,作为公共服务的重要组成部分之一,手机气象服务以其方便、快捷、灵活的特点为用户及时获取气象信息提供了条件,在防灾减灾、气象预警等方面起着越来越重要的作用。目前,市面上常规手机气象软件偏重于大范围天气预报,城市覆盖面广,为受众提供了及时、便捷的气象服务信息。而对于特定地区的决策用户、专业用户来讲,除常规的气象服务信息外,更希望能及时了解到当地的实况气象信息及主要气象要素的分布情况,尤其是遭受气象灾害时,能够根据灾情程度和分布情况及时做出决策。本系统以决策用户、专业用户为服务对象,开发移动终端气象服务系

资助项目:上海市气象局研究性业务专项(YJ201213)。

作者简介:段项锁(1956—),男,山西芮城人,高级工程师,主要从事应用气象及气象科技服务工作。

统,旨在提高气象服务水平。

1　系统建设与开发

本系统以提升气象服务手段和水平为导向,以多点数据融合为基础,搭建以智能手机为载体的信息发布服务平台。在设计和开发中遵循"平台稳定性、技术先进性、系统完整性、结构开放性、网络适应性"的设计思想,在坚持"平台大众化、服务产品专业化、业务服务人性化、应用开发平台化、接口开放化、管理工具实用化"等原则,融合空间数据和属性数据、矢量数据和栅格数据、多媒体数据和文本数据于一体。

1.1　系统平台构架

系统通过对源于上海市气象局信息支持以及各区县自动气象站观测站点气象实时数据及服务对象相关信息的获取与加工,建立气象资源库,加工相应的服务产品,建立以智能手机为载体的气象服务系统。

平台采用数据层、服务器层、用户服务层三层架构,如图1所示。

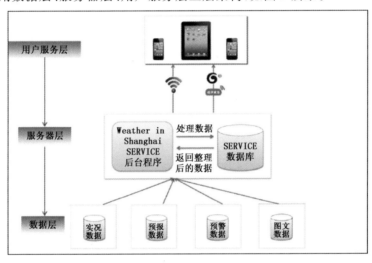

图1　手机气象服务系统流程图

（1）数据层

基于上海市气象局及各区县局提供的气象信息建立气象资源库,数据层包括实况数据:天气实况、降雨、温度、风速等;预报数据:逐小时预报、即时天气预报;预警数据:空气质量信息、卫星云图、台风路径、雷达图。

（2）服务器层

服务器层采用实用新型服务器,以及分别与服务器连接的计算机、智能终端;其中智能终端与服务器采用双向连接,计算机与服务器采用单向连接;还包括一个内嵌于服务器内的系统模块。本实例中系统模块由数据采集模块、搜索引擎模块、知识管理模块、推送管理模块、日志管理模块、系统分析管理模块及授权管理模块组成。

服务器端整合并获取现有的各种气象资料数据,并采用高并发、高访问量的设计,以保证在用户量大的情况下,仍然能够提供即时的数据;通过后台程序处理数据再返回本地数据库。

（3）用户服务层

用户服务层的 APP 通过 WiFi、3G、2G 等网络与服务器进行交互，并且利用 2D 和 3D 技术来展示气象图形、气象要素实况及变化趋势等，同时保证传输的数据量最小，提高 APP 的响应速度，并整合地图、GPS 等功能，应用用户端实现图文展示。

1.2　数据通讯

数据通讯设计方案，如图 2 所示。

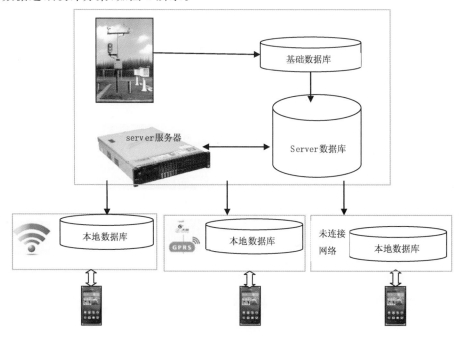

图 2　通讯流程图

（1）当移动终端连接在 WiFi 环境中时，移动终端迅速将网络数据库读取，并储存进本地数据库。此举足以解决当数据库迁移或者发生问题时，应用程序中的数据能够及时恢复并调用。

（2）当移动手机终端连接在 3G 上网的环境中，移动终端将发送信息包至网络数据库，查看是否需要更新数据库。因为在 3G 的网络环境中，用户更多地关心流量大小的问题。考虑到用户的上网体验，因此采用更新数据库的方式来进行数据库的备份。

（3）当用户的移动终端链接在 GPRS 的网络环境中，备份数据库的方式与在 3G 的网络环境相同，处理方式也需先考虑到数据库更新大小对流量的影响以及用户的上网体验。并致力于将数据流量优化再优化，使其得到解决。

（4）当移动手机终端并未连接在网络环境上，手机读取本地数据库，并备份至本地数据库，并尝试查找网络，等待下一次的数据库备份。

1.3　系统开发

（1）系统运行的硬件环境

系统运行硬件环境需求如表 1 所示。

表 1　系统硬件环境

服务器	需要公网 IP 地址	需要域名	服务器描述
数据库服务器	否	否	数据库
API/图片/视频服务器	是	是	存放设备通信的数据接口模块
FTP/文件解析服务器	否	否	FTP,供上传气象原始数据,存放原始数据解析模块
内容管理/数据推送/备份服务器	否	否	存放内容管理模块作为推送的服务器

（2）开发环境

为适应流行的智能手机受众，开发基于 iOS 的 iPhone 手机和基于 Android 版的智能手机，分别开发于 iOS 和 Andriod 两种版本。

基于 iOS 平台的移动终端气象服务系统在 iOS4. X 和 5. X，Linux，Windows Server，MySQL 软件环境下使用 C99；Objective－C 2.0、PHP5.4.4 编程语言，硬件环境为操作系统的版本在 10. 6. 2. iPhone 或 iPod Touch，包括 iPhone 3GS、iPhone 4、iPhone 4S、iPod Touch 4th、iPhone 5。

Android 是基于 Linux 内核的操作系统，是 Google 公司公布的手机操作系统，早期由 Google 开发，后由开放手持设备联盟（Open Handset Alliance）开发。它采用了软件堆层（software STack，又名以软件叠层）的架构，主要分为三部分。底层 Linux 内核只提供基本功能；其他的应用软件则由各公司自行开发，部分程序以 Java 编写。也可以采用基于 HTML5 基于网页的 WEB 应用。

1.4　客户端（手机系统）的开发与建设

（1）数据来源

支撑本系统的数据来源主要依托各区县气象局本地及自动气象站数据和上海市气象局信息支持中心传递的信息产品，利用数据抓取和本地化数据建库的方式，建立适应各个区的基础气象数据，为智能手机服务产品制作提供支持。

在获取源于各本地观测资料、自动气象站观测数据、上海市气象局信息支持中心提供的数据以及其他网站抓取的数据和气象服务基本数据基础上，建立基本数据库，数据主要包括原始数据和加工数据，类别如下：

①各区县气象局本地观测数据；

②各区县自动观测站数据；

③通过上海市气象局信息支持中心获取的卫星云图、雷达图像等数据；

④气象服务基本数据；

（2）系统功能

①加载屏

加载屏为软件启动时第一个显示的内容，加载屏将设计为既体现该应用气象服务的属性，又展现服务与奉贤的特别定位。此页面将用户等待程序响应的等待心理转化成欣赏视觉体验（图 3-1）。

②实况模式

界面中间主要区域用于显示区县的天气实况，配合生动的图片动画，让用户直观地感

图 3-1　手机软件截图(加载屏)

受到目前的天气状态。实况每小时自动刷新,用户也可以通过刷新按钮手动刷新。见图 3-2。

当有天气预警存在时,在天气显示的右下角显示预警标志,用户点击预警标志后跳转到"天气预警"模块。

天气实况下方有页面标识,提示用户本页可以翻动(翻动后显示奉贤 5 日天气预报)。

天气实况下方以文字和小图片介绍上海未来 5 天的天气预报。

界面底部是 5 个子功能选项,用户可以通过点击选择不同的功能模块。当前选中的模块高亮显示。

③未来 5 日天气预报

首页天气实况区域翻页之后显示某区未来 5 日的天气预报,通过图片加文字的方式给用户更直观的感受。见图 3-3。

页面的下方指示提醒用户,本页可以向前翻页。

5 日天气预报每 6 h 更新一次,用户也可以点击"刷新"按钮手动更新数据。

④雨量、风速、温度

在某区实况子功能中提供气象观测站的实时数据查询,包括"雨量""风速"和"温度"。见图 3-4。

页面上方提供三个按钮,用户可以通过点击按钮来选择雨量、风速和温度的显示。被选中的按钮高亮显示。

当前模式下显示 4 组数据,当监测点较多导致数据无法在一个屏幕内显示时,通过滑动来查看更多气象站的监测结果。箭头提示可以排序显示。

⑤天气预警

当有预警信息时,系统界面推出"天气预警"图标。见图 3-5。

在"天气预警"界面,按照时间先后顺序逐条显示当前的所有预警。用图标配合文字的方式给予用户直观的认知。

当预警数量较多时,页面可以上下滑动显示更多的内容。

图 3-2　手机软件截图(实况模式)　图 3-3　手机软件截图(未来 5 日天气预报)

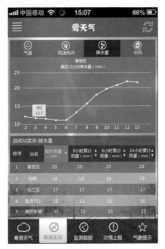

图 3-4　手机软件截图(雨量、风速、温度)　图 3-5　手机软件截图(天气预警)

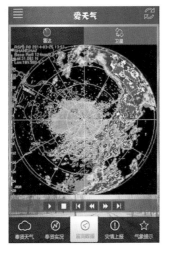 

图 3-6　手机软件截图(信息监测)　图 3-7　手机软件截图(气象提示)

⑥信息监测

此模块包括卫星、雷达、台风路径等监测,见图3-6。

用户可点击应用底部的"监测数据"切换到该功能。

该模块中提供"卫星云图""台风"和"雷达"三类数据的查看。用户可以通过点击上方的三个按钮选择需要查看的数据。被选中的按钮高亮显示。

通过动画显示过去时段的图像变化。

⑦气象提示

用户点击应用底部的"气象提示"切换到该功能。见图3-7。

本页的提示内容由后台CMS系统提供。可以由系统管理人员通过CMS系统编辑气象相关的提醒。

⑧设置

用户在任意界面点击应用左上角的设置按钮进入设置界面。

在设置界面,提供如下选项:

a.温度:在摄氏度和华氏度间切换;

b.刷新:用户可以打开或者关闭自动的数据刷新,对于需要节省流量的用户可以关闭自动刷新。

点击"版本信息"可以看到当前应用的版本和支持信息。

点击"意见反馈"弹出邮件,收件人已经自动填写为本应用的支持邮箱,主题也自动填写,用户可以通过这种方式发送反馈。

⑨信息推送

通过信息推送,可以将天气预警信息、气象贴士或其他气象相关信息及时推送给用户。

推送提供用户更及时的信息获取,提升用户体验。

推送的内容可以由后台CMS系统编辑。

⑩灾情上报

a.登录——输入用户名和密码,登录界面见图3-8。

b.现场情况编辑

·基本信息——填写时间名称、受伤人数、死亡人数相关信息。见图3-9。

·现场语音——手机位置自动定位;点击"开始录音",对现场情况进行语音描述。

·现场拍照——点击图片拍照功能,对现场情况进行拍照上传。

·文字描述——手动输入"描述",文字描述现场情况。

·上报——现场情况详细编辑完毕,点击"发送",完成编辑工作。

c.点击用户管理侧边栏——查看历史记录,见图3-10。

d.点击"历史记录"——可看到用户全部上报文件,以及是否处置,见图3-11。

(3)后台管理

后台管理主要对手机客户端的内容进行配置,用户权限管理及可上报的灾情进行后期处理。主要内容包含有:数据管理、服务产品编辑、灾情上报管理、用户权限管理、系统管理。

后台管理人员登录界面如图4所示。CIS信息显示—上报信息处理如图5所示。

图 3-8　手机软件截图(登录界面)

图 3-9　手机软件截图(基本信息编辑)

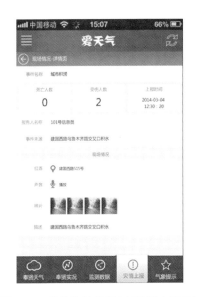

图 3-10　手机软件截图(查看历史记录)

图 3-11　手机软件截图(历史记录)

图4　后台管理登录界面

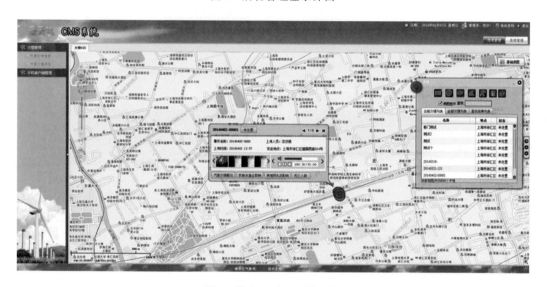

图5　信息显示—上报系统

2　结　语

本系统面向区县气象服务受众,组建资源库,加工服务产品、信息组建智能手机气象服务发布平台,建立起适应智能终端的基础气象数据库,以提升气象服务手段和水平为导向,以多点数据融合为基础,加工满足于公众用户、决策用户、专业用户等不同层次的气象服务产品,搭建以智能手机为载体的信息发布服务平台,该系统具有以下特点:

(1)通过对服务产品组织结构的研究,将现有的预报产品和服务产品进行研究和分析,再以不同来源和不同形式进行分类整合处理,将服务产品数据转化为系统支持的数据格式类型投入业务运行。

（2）在提供天气预报的同时，进行主要气象要素实况监测服务，是用户能够即时了解不同气象要素的极值、累计值及分布情况，对于灾害性天气发生时，能够及时了解现状，以便做出相应的决策。

（3）基于主动推送技术，主动将各种信息尤其是气象预警主动推送给用户。系统可以采用定时、不定时、定点、不定点等多种推送方式，将气象信息精准地告知用户。多种推送方式让气象软件具备了主动性和及时性，信息更实用、更准确。

（4）利用智能手机定位技术，拓展了灾情实时上报功能，使气象部门第一时间掌握当地的灾情发生情况，并能实现气象服务部门与用户互动，为开展点对点、直通式的气象服务奠定基础。

（5）本系统在防汛指挥、行业气象服务、新农村建设信息服务等各领域得到了广泛应用。该系统的应用已经得到了各级党政部门和用户的充分肯定，已经成为政府领导、有关部门指挥防灾减灾的有效工具之一。随着移动互联网技术的不断发展，加工面向公众同时满足专业化、个性化、精细化需求的以手机为载体的气象服务产品，为决策用户、专业用户提供直通式、更为及时、便捷和实用的气象服务产品，从而整体上提高气象服务的水平和能力。

参考文献

［1］　杨武,陈恒明,屈凤秋,等. 聚焦手机天气客户端软件产品及应用［J］. 青海气象,2012,3:44-49.

［2］　王玉洁,胡文超,雒福佐. 浅论构建新媒体时代的公共气象影视服务体系［J］. 干旱气象,2012,30
　　　（3）:478-481.

［3］　黄震强. 利用新媒体微空间展示气象文化打造服务窗口［A］. 第29届中国气象学会年会-S17 气
　　　象史志工作与新时期气象文化建设,2012.

［4］　屈凤秋,黄俊生,高权恩. 新媒体时代基于微博的台风气象服务［A］. 第30届中国气象学会年会-
　　　S3 第三届气象服务发展论坛——公众、专业气象预报服务技术与应用,2013.

［5］　王华,徐建飞,陈雷. 新媒体对气象服务方式的影响及思考［J］. 农业与技术,2014,10:197-198.

［6］　梁晓妮,雷俊,万贵珍. 以新视角解析公众气象服务的用户需求差异［J］. 气象与减灾研究,2014,
　　　37（3）:48-51.

［7］　赵勇,王晖,赵淑芳. 基于3G技术的手机气象服务设想与构建［J］. 山东气象,2010,30（1）:44-47.

［8］　杨武,陈静,李晓娜,等. 3G时代手机气象信息服务的可持续发展［J］. 广东气象,2012,34（3）:
　　　53-56.

［9］　孙梦琪,张怿,张红欣. 手机气象信息服务发展对策［J］. 气象研究与应用,2010,31（2）:236-238.

［10］　俞宙,林江,杨武. 天气客户端服务模式探讨［J］. 青海气象,2012,3:66-68.

Meteorological Service System towards Professional (Decision Making) Users Based on Mobile Devices

DUAN Xiangsuo　ZHI Xing　LI Ke　TANG Zhengxing

(*Shanghai Meteorological Science and Technology Service Center，Shanghai　200030*)

Abstract

A meteorological service system was developed based on smartphone application platform aiming at district decision makers and professional users to provide professional，personalized and detailed weather service，which helped a lot in enhancing service level and ability. Through information acquisition，database establishment and information dissemination，along with real-time data from Information Center of Shanghai Meteorological Bureau and other automatic weather stations(AWS)，this system combined meteorological information perfectly with cartographic information. Maps，roads，landmarks，real-time temperatures，wind speeds，humidity and precipitation were shown at the same time，which was a great advantage compared to other traditional meteorological forecast softwares. This system can also push various messages，especially meteorological warning messages to users. In this way，a new kind of meteorological service mode was established based on its real-time，high stability and strong pertinence.

基于 110 报警气象灾情数据的宝山区
气象灾害特征分析

王蓓欣　徐　菁

（上海市宝山区气象局　上海　201901）

提　要

本文利用 2007—2013 年宝山站地面气象观测资料和宝山 110 报警气象灾情资料，对发生在宝山区的气象灾害进行了分类，并按不同灾种分析了各气象灾害的气候特征和分布规律。分析结果表明，宝山区气象灾害类型分为积涝、风灾、雪灾和雷灾；致灾灾种为台风、暴雨、大风、暴雪和雷电天气；从各灾害的月分布来看，8 月是宝山区台风、暴雨、大风、雷电灾害性天气频发的时段，且强度较易达到致灾程度；综合各灾害的时空分布来看，宝山区东部的友谊、吴淞街道，以及与市区接壤的南部地区气象灾害较为集中，特别是台风、暴雨造成的灾害较多；北部地区气象灾害相对较少。

关键词　气象灾害　灾害特征　灾害分布

0　引　言

气象灾害与城市社会安全运行的关联度不断提高[1]。暴雨易致使城市地势低洼及排水设施不健全的区域产生内涝灾害，出现停水、停电、交通受阻等状况，也容易导致大量物资被浸泡损坏，影响城市正常运转和市民正常生活；雷电可造成建筑物、电器的损坏，供电网络、计算机和网络通信系统的瘫痪，威胁人民生命财产安全；大风可导致建筑物、构筑物，特别是危房、简易大棚、车棚等倒塌，室外构筑物、广告牌被吹落，导致人员伤亡，等等。本文着重分析上海市宝山区城市气象灾害，希望从中找到宝山区的气象灾害特征和规律，旨在为该区气象灾害的准确预报、有效监测、及时防控提供借鉴。

1　资料来源

本文运用宝山区 2007—2013 年宝山站地面气象观测资料以及 2007—2013 年宝山区因气象灾害引起的 110 报警资料（包含灾害发生具体时间、地点及受灾情况），根据不同种类气象灾害出现的频率及时空分布、天气气候特征等，进行分类整理、统计、分析。

其中，宝山区因气象灾害引起的 110 报警资料从上海市气象局公共气象服务中心 110 报警平台资料里筛选出来，该平台自 2007 年起接收录入整个上海市所有的 110 报警

作者简介：王蓓欣（1977—），女，上海人，工程师，从事预报服务；E-mail：wangbeixin@hotmail.com。

信息,我们从中选取出宝山区范围内因天气原因造成的报警信息资料进行灾害分析。

2 特征分析

2.1 灾害特点

据统计,2007—2013 年宝山区因气象灾害引起的 110 报警资料共 1885 起,灾害类型有积涝、风灾、雷灾和雪灾(图 1a),积涝所占灾害比重最多,达到 40%,其次是风灾占 37%,雪灾占 20%,雷灾所占比重最少(3%)。这些灾害的致灾灾种分别为台风、暴雨(不包括台风暴雨)、大风(不包括台风大风)、暴雪及雷电(图 1b),其中台风所引起的灾害最多,主要是台风暴雨和台风大风造成的积涝和风灾,占灾害总数的 49%,其次是暴雨占 24%,暴雪占 20%,大风和雷电相对较少,分别为 4% 和 3%。

在灾害比重中(图 1a),雪灾虽然占到 20%,但都是 2008 年 1 月底至 2 月上旬的持续性暴雪天气所致,虽致灾性强,但在 1959 年宝山气象站建站以来的气象灾害记录中属于特例[3],从宝山气候特征来看,暴雪也不具有普遍性,因此,本文着重对台风、暴雨、大风及雷电所致的灾害进行分析,对暴雪所致的雪灾不再进行具体分析。

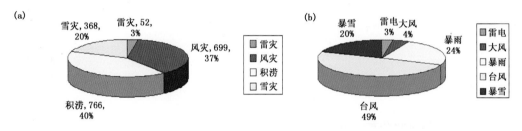

图 1　2007—2013 年宝山区 110 气象灾害报警类型
(a)气象灾害比例;(b)致灾灾种比例

2.2 各灾种灾害时间分布

(1)热带气旋(台风)时间分布

2007—2013 年影响宝山的台风灾害共计有 7 次,其中 2007 年最多为 3 次,2011 年 2 次,2012 年、2013 年各 1 次。影响宝山的台风灾害出现在 8—10 月,以 8 月最多,占 50%,10 月次之,9 月最少,其他月份未出现(图 2)。从致灾强度上看,8 月和 10 月的致灾台风强度最强(表 1),其中 2012 年"海葵"台风影响期间,灾情报警数达到了 861 条之多,转移撤离人员 40339 人。

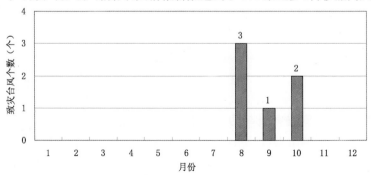

图 2　2007—2013 年影响宝山致灾台风个数的逐月分布

表 1   2007—2013 年影响宝山的热带气旋(台风)一览表

台风名称	时间	登陆地点	宝山过程雨量(mm)	宝山最大风速(m/s)	报警数量	灾损情况
韦帕	2007 年 9 月	浙江省苍南县霞关镇	122.6	15.4	13 条	宝山道路积水 10 条,多家居民用户进水
罗莎	2007 年 10 月	台湾省宜兰县	107.5	15.8	11 条	宝山多处简易设施被大风刮倒
莫拉克	2009 年 8 月	福建霞浦	58.8	15.1	无	无灾损
梅花	2011 年 8 月	未登陆	21.6	17.1	36 条	宝山区顾村、张庙、罗泾地区共 7 条 10 kV 供电线路碰枝跳闸,10 余棵树木倒伏,月浦蕴川路、友谊街道 7 块广告牌损坏
海葵	2012 年 8 月	浙江省象山县鹤浦镇	114.2	20.5	861 条	宝山道路积水 16 条,宝山沪太路地铁 7 号线附近出现积水,居民用户进水 10 户,树木倒伏 385 棵,进港避风船只 169 艘
菲特	2013 年 10 月	福建省福鼎镇沙埕镇	287.5	14.9	288 条	宝山共有 191 处(道路、厂区、小区、居民家中等)不同程度的积水出现,积水最深处有 1 m 多

(2)风灾日的时间分布

本文对 1 天内有 1 条以上有关大风灾害的报警记录即作为一个风灾日(下同),据统计,2007—2013 年宝山的风灾日共计有 84 天,年均 12 天,最多年有 28 天(2008 年),最少年仅有 1 天(2010 年)(图 3a)。

宝山区大风灾害和相关报警数量,以 7、8 月为最多,占全年半数以上,正是夏季强对流天气频繁活动时期(图 3b)。其次,是春夏之交的 4—6 月间,也是冷暖空气在本地交绥的季节,常有突发的强对流天气造成的大风灾害和低气压活动的大风灾害,二者约占 1/3。冬季冷空气南下伴随的大风,风势相对平缓,成灾较少。

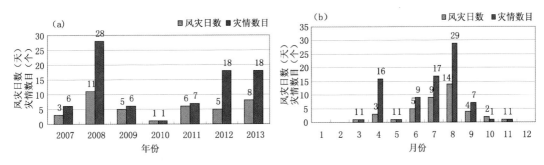

图 3   宝山区 2007—2013 年风灾日数与灾情数目年际变化(a)与逐月分布(b)

（3）暴雨时间分布

2007—2013 年宝山区出现暴雨灾害共计 37 天（热带气旋暴雨灾害不计在内），年均 5.2 天，最多 10 天（2011 年），也有全年无暴雨灾害的（2010 年）（图 4a）。暴雨灾害主要集中在 6—9 月强对流天气盛行季节（图 4b），占 81.1%，5 月和 10 月、11 月仅占 18.9%，其中 8 月又是 6—9 月中暴雨灾害发生最多的月份，占了 4 个月中发生率的 46.7%；1—4 月和 12 月则无暴雨灾害。从致灾强度上看，6 月、8 月和 10 月是报警数量较为集中的 3 个月份。值得关注的是，除了 6 月和 8 月的报警数正比于暴雨日，10 月虽然暴雨灾害日较少，但对应致灾日相关的灾情数在 2013 年却出现了 290 条报警的极大值，说明 10 月成灾的暴雨对本地具有不可忽视的灾害影响。

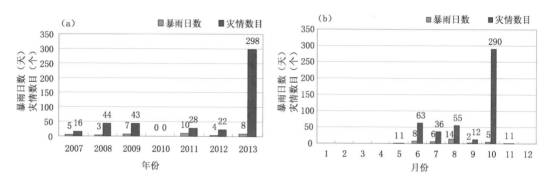

图 4　宝山区 2007—2013 年暴雨日数及灾情年际变化（a）与逐月分布（b）

（4）雷暴灾害时间分布

据统计，2007—2013 年宝山共出现雷灾日数 25 天，雷灾日最多年是 2007 年（7 天），2013 年和 2008 年次之，分别为 6 天和 5 天，最少年为 2010 年，没有雷灾发生（图 5a）。从报警数上看，虽然 2013 年并不是雷灾日最多年，但是报警数却远远高于其他年份（17条），说明 2013 年雷击强度是近 7 年中最强的。

雷灾日主要分布在 5—9 月，其他月份无雷击灾害发生（图 5b）。8 月是夏季强对流最为旺盛的时段，雷击灾害发生率也远远高于其他月份（14 天），占了 56%，相应的报警数也集中在 8 月，据统计，8 月报警数占了全年的 75.5%。

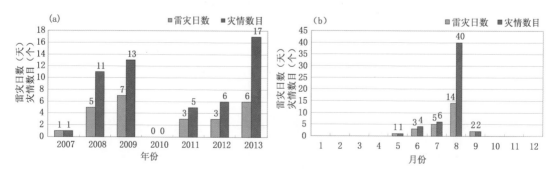

图 5　宝山区 2007—2013 年雷灾日数及灾情年际变化（a）与逐月分布（b）

3.3　各灾种灾害空间分布

本文用 ArcGIS 绘图软件，分灾种将各受灾点绘制到宝山区地图上。

根据 2007—2013 年的 110 报警资料,绘制台风受灾点图(图 6a),从图中可以看到,台风造成的受灾点主要分布于宝山的东部和南部地区,特别集中在靠近长江口的友谊街道、吴淞街道,以及靠近市中心的张庙街道、庙行镇、大场镇;受灾点在宝山中部和北部地区分布相对较稀疏。

图 6b 为暴雨受灾点图,从图中可以看到,暴雨造成的受灾点主要分布于宝山的南部和中部地区,特别集中在南部的张庙街道、庙行镇、大场镇等;受灾点在北部地区相对较少。

图 6c 为大风受灾点图,从图中可以看到,大风造成的受灾点主要分布于宝山的东南部和中北部的部分地区,西北部地区分布较少。

图 6d 为雷电受灾点图。雷电造成的受灾点的分布较为松散,宝山北部罗泾镇、中部杨行镇、顾村镇及西南的大场镇分布相对较多。

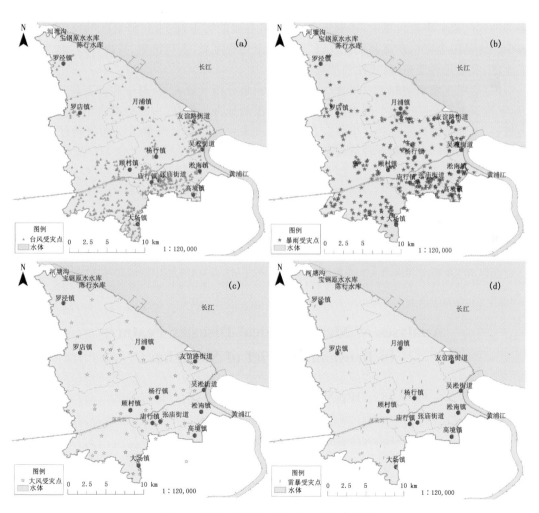

图 6　2007—2013 年宝山各灾种受灾点图

(a)台风受灾点;(b)暴雨受灾点;(c)大风受灾点;(d)雷电受灾点

4　结　论

本文利用 2007—2013 年宝山站地面气象观测资料和 110 报警气象灾情资料的分析表明：

(1)宝山区气象灾害类型分为积涝、风灾、雪灾和雷灾,其中积涝灾害最多;致灾灾种为台风、暴雨、大风、暴雪和雷电天气,其中台风所引起的灾害最多,主要是台风暴雨和台风大风造成的积涝和风灾,大风和雷电灾害相对较少。

(2)这 7 年中,2008 年和 2013 年是宝山区受灾相对较为集中的年份;从各灾害月分布来看,8 月是宝山区台风、暴雨、大风、雷电灾害性天气频发的时段,且强度较易达到致灾程度。

(3)综合各灾害的空间分布来看,宝山区东部的友谊、吴淞街道,以及与市区相接壤的南部地区气象灾害较为集中,特别是台风、暴雨造成的灾害较多;北部地区气象灾害相对较少。这是因为宝山东部濒临长江口,南部城市化程度高,人口密集,易损性强,北部地区工业化、农业化程度高,易损性弱所致。

(4)运用气象观测和 110 报警气象灾情资料来分析气象灾害,对于弥补正规气象测站少、灾情调查不全面或减少调查成本等有其积极的地方。但是,由于分析所用数据序列较为短暂,上述结论尚有待进一步验证。宝山区气象灾害的年代际和月分布有待依据更长时间序列(如 50 年)资料进行分析研究。

参考文献

[1]　宝山区气象局.上海市宝山区气象灾害防御规划(2011—2020)[Z].2011:24-45.
[2]　甘肃省陇南市气象局.甘肃省武都区气象灾害防御规划(2011—2020)[Z].2010:21-44.
[3]　上海市气象局.上海气象灾害年鉴(2001—2005 年)[M].北京:气象出版社,2006:32-136.

Analyses of Meteorological Disaster Features in Baoshan District of Shanghai

WANG Beixin　XU Jing

(*Baoshan District weather office*，Shanghai　201901)

Abstract

With the upgrading of Baoshan District urbanization level，the impact of meteorological disasters plays the one of the major negative roles in the city construction. In addition to classifying the main meteorological disasters by using the observed surface meteorological data of Baoshan Weather Station as well as the 110 alarm information about meteorological disasters happened in Baoshan District，we also analysed the climatic features and the distribution regularities according to the classification. On the basis of data analyses, the most frequent meteorological disasters are waterlogging, wind damages and lightning hazards. And typhoon, rainstorm, gale and thunderstorm have disaster-causing threats. August is a highly frequency period for most kinds of meteorological disasters which also have disaster-causing risks. The southern Baoshan Distrcit is the meteorological disasters-prone apart, whereas the northern district has a lower frequency of meteorological disasters.

1959—2013 年奉贤区气温的年平均和季平均变化特征及振荡周期分析

费 蕾[1] 徐相明[1] 顾品强[2] 马 皓[3]

(1 上海市奉贤区气象台 上海 201416;2 上海市奉贤区气象局 上海 201416;
3 上海应用技术学院机械工程学院 上海 201418)

提 要

利用气候特征数和相关分析方法对奉贤区 1959—2013 年气温资料进行变化特征分析,再利用经验模态分解法对气温时序资料进行振荡周期及趋势分析。结果表明,以 20 世纪 80 年代初为界,奉贤年平均气温为前降后升,55 a 间总体升温率为 0.24 ℃/10 a。年平均气温存在较为显著的 3 a、7 a、18.5 a 的周期振荡,奉贤春、夏、秋、冬四季平均气温 55 a 间总体均呈现上升变化,除秋季平均气温随年代平稳上升外,春季和夏季年代际平均气温分别有 30 a 和 40 a 时间大致围绕均值小幅波动到快速上升变化过程,冬季平均气温呈“M”形波动性上升,冬季在 20 世纪 90 年代、春季和夏季在 21 世纪 00 年代,出现年代际快速增温期。春、夏、秋、冬四季均存在约 3 a、4.5~6 a 的振荡周期和 9~18.5 a 较长的振荡周期。

关键词 奉贤 气温 变化特征 相关分析 经验模态分解法 振荡周期

0 引 言

在全球变暖的背景下,各个地区气温都出现了不同程度的升高,近 100 a 来全球的平均气温升高了 0.56~0.92 ℃[1]。中国的平均气温也呈现出上升趋势[2],但变暖的过程是具有波动性的,无论在空间或者时间上都有明显的区别[3],认识区域性气温变化对评价和了解全球变暖的原因有着非常重要的意义,也是预测未来全球变暖趋势重要的依据之一。奉贤的地理位置较为特殊,其位于上海市南端,杭州湾北岸,其城市化水平相对较低,为农业大区,相对于已高度城市化的地区或区域所受到的城市热岛效应影响较小。研究奉贤地区的气温变化,对了解和分析类似自然生态环境下的气候变化有着重要的实际意义。本文除了计算和分析气温变化特征值外,基于改进后的经验模态分解(empirical mode decomposition,EMD)的 Hilbert－Huang 变换(简称 HHT)方法[4],结合波动图观察,分析了气温在不同时间尺度下的波动特性,揭示不同时间尺度的振荡对气温变化的作用,从而能够对奉贤气温的周期性变化有一个新的了解,为气候短期预测和开展气候服务提供一定的依据。

资助项目:上海市奉贤区(社会类)科技发展基金项目(编号 201324)。

作者简介:费蕾(1979－),女,浙江嘉兴人,本科,工程师,主要从事气象服务及应用气象研究;E-mail:feilei2000@sina.com。

1　资料与方法

1.1　资料

本文采用的气温序列资料来源于上海市奉贤区气象台 1959—2013 年气象观测资料,代表基本接近自然环境下的郊区气候变化[5]。四季划分以 3—5 月为春季、6—8 月为夏季、9—11 月为秋季、12 月—次年 2 月为冬季。

1.2　方法

(1)资料分析方法

采用 Excel 对气温序列资料进行气候特征值计算和回归分析,以代表奉贤气温变化的一般特点,再用经验模态分解法(EMD)进行分析,以代表气温序列的振荡周期及趋势(波动特性)。在分析过程中,把气温资料分别按年序列和季节序列两种形式进行处理和分析,并根据得到的结果进行比较和分析。

(2) HHT 方法简介

Huang 等人提出了内模函数的概念和经验模态分解方法。内模函数描述性定义由以下两点给出:①极值点的个数和过零点的数目相等,或者最多相差为 1;②在任意一点,由极大值构成的包络和由极小值构成的包络的平均值为零。

为了从原始信号中分解出内模函数,Huang 给出了经验模态分解方法,过程如下:

①找到信号 $x(t)$ 所有的极值点;

②用三次样条曲线拟合出上下极值点的包络线 $e_{\max(t)}$ 和 $e_{\min(t)}$,并求出上下包络线的平均值:$m(t)=(e_{\max(t)}+e_{\min(t)})/2$,在 $x(t)$ 中减去它,得到:$h(t)=x(t)-m(t)$;

③根据预设判据判断 $h(t)$ 是否为 IMF;

④如果不是,则以 $h(t)$ 代替 $x(t)$,重复以上步骤,直到 $h(t)$ 满足判据,则 $h(t)$ 就是需要提取的 $IMFC_k(t)$;

⑤每得到一阶 IMF,就从原信号中扣除它,重复以上步骤。直到信号最后剩余部分 $r_n(t)$ 只是单调序列或者常值序列。

这样,对于经过 EMD 方法分解就将原始信号 $x(t)$ 分解成一系列 IMF 以及剩余部分的线性叠加:

$$x(t)=\sum_{i=1}^{N}r_n(t)C_i(t)+r_n(t)$$

式中:$C_i(t)$ 为第 i 阶 IMF。

Huang 将这样的处理过程形象地比喻成"筛"过程(sifting process)。最后,原始的数据序列可由这些 IMF 分量以及一个均值或趋势表示。由于每一个 IMF 分量代表一组特征尺度的数据序列,"筛"过程实际上将原始数据序列分解为各种不同特征波形的叠加,每一个 IMF 分量既可以是线性的也可以是非线性的。在 EMD 分解时并没有预设基(函数),而是在信号本身所包含的特征尺度的基础上进行分解的,有着完全的自适应性;基于解析信号和瞬时频率的使用,使得 HHT 方法对数据的利用效率得到了大大的提升;与小波分析[6]相比,它不依赖于小波基函数的选择,因而避免出现很多不存在的虚假谐波[7,8],故能更好地刻画信号的时频局部特征。

2　结果与分析

奉贤区 1959—2013 年的年平均气温的年际变化如图 1 所示,55 a 的年平均气温为15.9 ℃,年平均气温 1980 年最低,为 14.9 ℃,2007 年最高,为 17.2 ℃。年平均温度变化总体呈现出上升的趋势,其升温率 0.24 ℃/10 a 比全国的平均升温率 0.22 ℃/10 a[9] 略高。年平均温度具有明显的阶段性变化特征,1959—1966 年平均气温相对较高,该时段年平均气温为 15.8 ℃;1967—1980 年平均温度相对较低,该时段年平均气温为 15.4 ℃,1981—2013 年平均温度较高,并且呈现出明显的上升趋势,该时段平均温度为 16.3 ℃。若按年代际划分,20 世纪 60 年代年平均气温偏低 0.3 ℃,70 年代、80 年代均偏低 0.4 ℃,而90 年代偏高 0.1 ℃,21 世纪以来偏高 0.7 ℃。

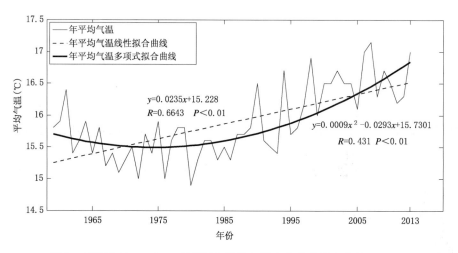

图 1　奉贤区 1959—2013 年期间年平均气温变化及其拟合曲线($n=55$)

2.1　年平均气温变化

对奉贤年平均气温时间序列进行 EMD 分解,得到 3 个其频率由高到低排列的IMF 分量和最后得到的剩余部分是一个大致的趋势项(图 2),IMF1 所呈现出的高频振荡能很好地刻画奉贤年平均气温的波动情况,其平均时间尺度(即振荡周期,下均同)约为 3 a;在 IMF2 分量中,能得到奉贤年平均气温时间序列频率较高的波动情况,其振荡周期约为 7 a。从 IMF3 则可以看出,存在波动频率低于 IMF1 和 IMF2 波动较长约为 18.5 a 的振荡周期。从最后一项趋势项(RES)中可以发现,从 1959 年至 20 世纪 70年代末奉贤的年平均气温呈下降变化,而从 20 世纪 80 年代开始气温开始出现明显的升温现象,并呈现出不断升高的趋势,21 世纪 10 年代气温上升趋缓,这与前面分析得出的年平均气温的阶段变化特征和年(代)际变化情况相类似,这与江志红等[10]在分析上海气温(1880—1992 年)时得出的上海 3 次气温突然增温中,有 1 次出现时间为 20世纪 80—90 年代及穆海振等[11]指出的在 1979 年上海的气温开始出现突然增温的情况非常相似。

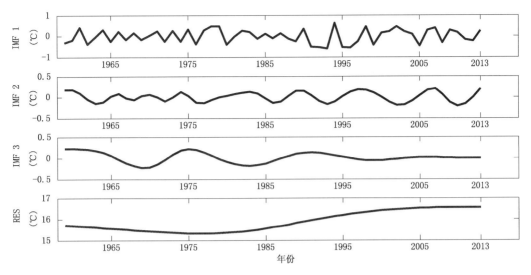

图2　奉贤区年平均气温时序(1959—2013年)的各IMF分量及其趋势项

2.2　四季平均气温变化

(1)　四季平均气温特征数和回归分析

由图3～6可见,55 a间各季节的平均气温均呈现出上升变化,但增温速率与年平均气温的增温速率(0.24 ℃/10 a)相比,春季和冬季的增温速率高于年平均气温,其增温速率分别为0.30 ℃/10 a和0.28 ℃/10 a;夏季和秋季的增温速率低于年平均气温,其增温速率相对平稳,分别为0.17 ℃/10 a和0.20 ℃/10 a。

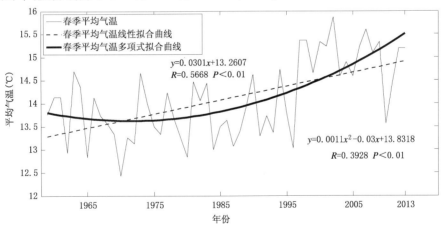

图3　1959—2013年期间奉贤区春季(3—5月)平均气温变化及其拟合曲线($n=55$)

从各季节平均气温年代际变化来看(表1),春季平均气温在20世纪60—80年代变化较小,90年代快速上升,21世纪00年代增温速率为最高,平均气温创年代际的最高值,21世纪10年代出现下降变化;夏季平均气温在20世纪60—90年代变化较小(80年代平均气温最低),21世纪00年代才开始一波快速上升,增温期比春季气温滞后10 a,21世纪10年代前4年维持一定的增温速率,平均气温创出年代际最高值;秋季平均气温在20世纪60年代较高,70年代出现显著下降,为年代际最低,之后平均气温随年代进展以0.30～

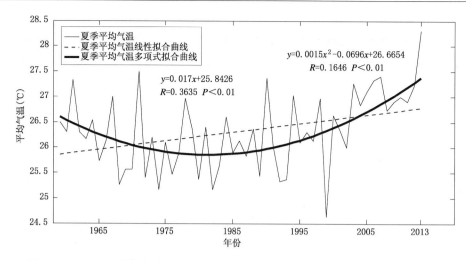

图 4　1959—2013 年期间奉贤区夏季(6—8 月)平均气温变化及其拟合曲线(n=55)

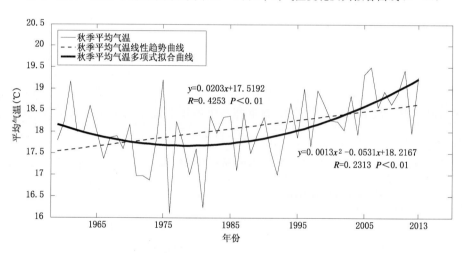

图 5　1959—2013 年期间奉贤区秋季(9—11 月)平均气温变化及其拟合曲线(n=55)

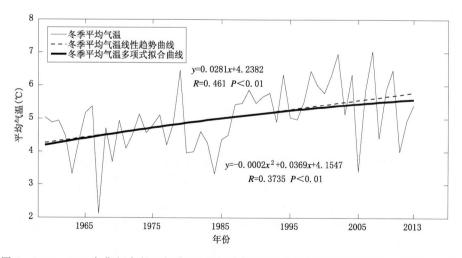

图 6　1959—2013 年期间奉贤区冬季(12 月至次年 2 月)平均气温变化及其拟合曲线(n=55)

0.40 ℃/10 a 的速率呈稳定上升趋势,21 世纪 10 年代前 4 年为平均气温最高时期;冬季平均气温年代际呈"M"形波动性上升变化,且与春、夏、秋季 20 世纪 60 年代平均气温都较高有所不同,在 20 世纪 60 年代平均气温为最低,70 年代增温速率为 0.60 ℃/10 a,80 年代平均气温又略有回落,90 年代气温出现一波突然快速上升,增温速率为 1.0 ℃/10 a,其增温期要早于春季 10 a,21 世纪 00 年代维持微升变化,但前后年气温波动幅度加大,21 世纪前 4 年平均气温出现较大幅度的下降。由夏季和冬季气温的年代际变化显示,进入 21 世纪以来出现气温年较差增大即夏季高温增强、冬季低温增多的变化特征。

表 1　奉贤区各年代年平均气温和四季的平均气温(℃)

年代	年平均	春季	夏季	秋季	冬季
1960—1969	15.6	13.8	26.2	18.1	4.3
1970—1979	15.5	13.6	26.1	17.5	4.9
1980—1989	15.5	13.6	25.9	17.8	4.6
1990—1999	16.0	14.2	26.1	18.2	5.6
2000—2009	16.6	15.2	26.9	18.6	5.7
2010—2013	16.5	14.6	27.4	18.9	5.2

对春、夏、秋、冬四季平均气温与年平均气温进行相关系数计算,得到的相关系数分别为 0.79、0.63、0.61 和 0.65,均呈极显著水平($n=55$,$P<0.01$),表明夏、秋、冬季的气温变化对年平均气温的影响程度非常相近,而春季气温与年平均气温的变化比较接近。在不同年代各季平均气温变化对 20 世纪 80 年代开始的年平均气温增温速率的贡献存在差别,20 世纪 90 年代为冬季增温的贡献最大,春季次之,秋季列第三,夏季最小;21 世纪 00 年代春季增温的贡献最大,夏季次之,秋季列第三,冬季不明显;21 世纪前 4 年与 00 年代相比,夏、秋两季的增温不仅被春、冬两季的降温全部抵消,还使年平均气温降低了 0.1 ℃。

(2)基于 EMD 分解的四季平均气温时间序列分析

对奉贤春、夏、秋、冬四季平均气温时间序列分别进行 EMD 分解,得到其频率由高到低排列的前 4 个 IMF 分量(即振荡周期)和趋势项分别如图 7～10 所示。

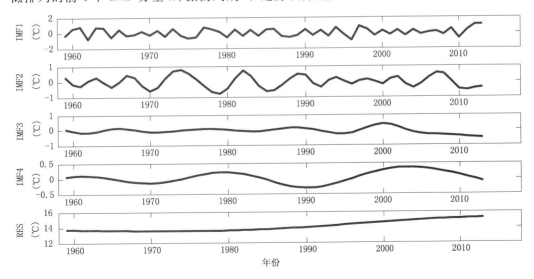

图 7　奉贤区春季平均气温时序(1959—2013 年)的各 IMF 分量及其趋势项

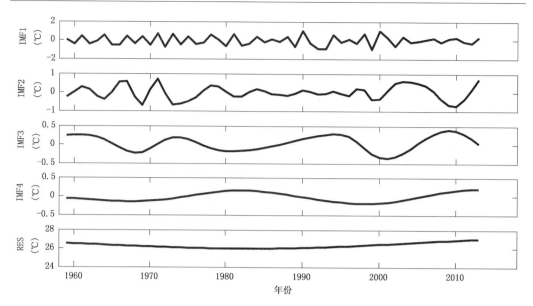

图 8　奉贤区夏季平均气温时序(1959—2013 年)的各 IMF 分量及其趋势项

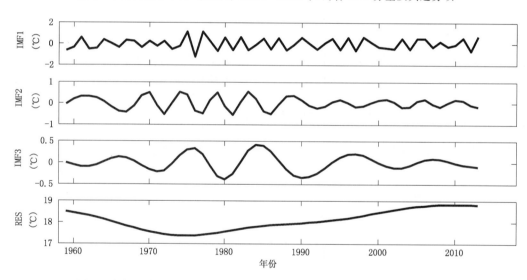

图 9　奉贤区秋季平均气温时序(1959—2013 年)的各 IMF 分量及其趋势项

　　由图 7 可见,IMF1 所呈现出的高频振荡能很好地刻画奉贤春季平均气温的波动情况,其振荡周期约为 3 a。在 IMF2 分量中,能得到奉贤春季平均气温时间序列频率较高的波动情况,其振荡周期约为 6 a。而从 IMF3 和 IMF4 分量中可以看出,其波动频率低于之前,其波动时间尺度较大的两个振荡周期分别约为 14 a 和 18.5 a。最后从趋势项中可以发现,从 20 世纪 80 年代开始奉贤春季平均气温开始呈现出不断升高的趋势,并且上升趋势较为明显,进入 21 世纪 10 年代上升趋缓。

　　由图 8 可见,IMF1 所呈现出的高频振荡能很好地刻画奉贤夏季平均气温的波动情况,其振荡周期约为 2.7 a。在 IMF2 分量中,能得到奉贤夏季平均气温时间序列频率较高的波动情况,其振荡周期约为 4.5 a。而从 IMF3 和 IMF4 分量中可以看出,其波动频率低于之前,其波动时间尺度较大的两个振荡周期分别约为 9 a 和 13.5 a。最后从趋势

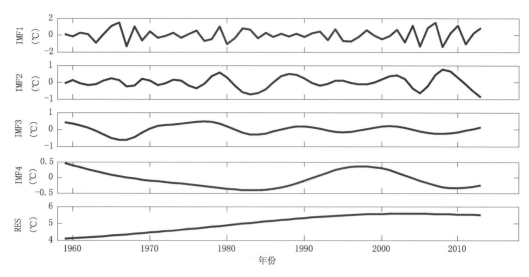

图 10　奉贤区冬季平均气温时序(1959—2013 年)的各 IMF 分量及其趋势项

项中可以发现,从 20 世纪 90 年代末开始奉贤夏季平均气温开始呈现出不断升高的趋势,并且上升趋势较为明显。

　　由图 9 可见,IMF1 所呈现出的高频振荡能很好地刻画奉贤秋季平均气温的波动情况,其振荡周期约为 3 a。在 IMF2 分量中,能得到奉贤秋季平均气温时间序列频率较高的波动情况,其振荡周期约为 5.5 a。而从 IMF3 中可以看出,其波动频率低于之前,其波动时间尺度较大的振荡周期约为 11 a。最后从趋势项中可以发现,从 20 世纪 70 年代末开始奉贤秋季平均气温开始呈现出不断升高的趋势,并且上升趋势较为明显。

　　由图 10 可见,IMF1 所呈现出的高频振荡能很好地刻画奉贤冬季平均气温的波动情况,其振荡周期约为 3 a。在 IMF2 分量中,能得到奉贤冬季平均气温时间序列频率较高的波动情况,其振荡周期约为 6 a。而从 IMF3 中可以看出,其波动频率低于之前,其波动时间尺度较大的振荡周期约为 18.5 a。最后从趋势项中可以发现,奉贤冬季年平均气温在 55 a 间一直呈现出上升的变化趋势,并且上升趋势较为明显,进入 21 世纪其气温趋势略有下降。

3　结　论

　　(1)奉贤年平均气温 55 a 平均为 15.9 ℃,年平均气温以 20 世纪 80 年代初为界为先降后升,阶段性变化特征明显,总体气温呈上升变化,升温率为 0.24 ℃/10 a。年平均气温存在明显的年代际周期振荡,较为显著的是 3 a、7 a、18.5 a 的周期振荡,其分析结果为气温短期预测提供一定依据。

　　(2)奉贤春、夏、秋、冬四季平均气温 55 a 间总体均呈现出上升变化,升温率由高到低分别为春季 0.30 ℃/10 a、冬季 0.28 ℃/10 a、秋季 0.20 ℃/10 a 和夏季 0.17 ℃/10 a。各季节平均气温除秋季平均气温随年代进展呈较平稳上升外,春季和夏季年代际平均气温分别大致有 30 a 和 40 a 时间围绕均值小幅波动到快速上升变化过程,冬季平均气温则呈"M"形波动上升变化,同时,春、夏、冬季平均气温均存在年代际突然增温期,冬季为 20

世纪 90 年代,春季和夏季均为 21 世纪 00 年代,相应 20 世纪 90 年代、21 世纪 00 年代年平均气温也出现年代际快速增温期。

(3)对奉贤地区春、夏、秋、冬四季平均气温时间序列作 EMD 分解,得到春、夏、秋、冬四季平均气温均存在约 3 a 的振荡周期,春季还存在 6 a、14 a 和 18.5 a 的振荡周期,夏季存在 4.5 a、9 a 和 13.5 a 的振荡周期,秋季存在 5.5 a、11 a 的振荡周期,冬季存在 6 a、18.5 a 的振荡周期。

(4)用经验模态分解(EMD)的 Hilbert－Huang 变换(HHT)分析方法和气候特征值及回归分析方法对奉贤 1959—2013 年的年和季的气温变化特征进行研究并做比较,以揭示其中气温序列各自的特点和优越性,可为开展短期气候预测和气候服务提供一定的依据,但其所得到的结果以及机理有待以后做进一步研究和验证。

参考文献

[1] Solomon S,Qin D,Manning M, *et al*. IPCC. Climate Change 2007—The Physical Scientific Basis. Cambridge,United Kingdom and New York,NY,US. 2007:4-11.

[2] 《气候变化国家评估报告》编写委员会. 气候变化国家评估报告[M].北京:科学出版社,2007:1-74.

[3] 张晶晶,陈爽,赵昕奕.近 50 年中国气温变化的区域差异及其与全球气候变化的联系[J].干旱区资源与环境,2006,20(4):1-6.

[4] Huang N E,Shen Z,Long S R. A new view of nonlinear water waves:the Hilbert spectrum[J]. *Annual Review of Fluid Mechanics*,1999,**31**(1):417-457.

[5] 顾品强.上海市奉贤区近 50 年四季初终期变化特征分析[J].大气科学研究与应用,2008(2):106-112.

[6] 张彬,杨凤暴.小波分析方法及其应用[M].北京:国防工业出版社,2011:27-86.

[7] 陈后金,李丰.信号与系统[M].北京:中国铁道出版社,1981:83-126.

[8] 马野,刘文博,董小刚,等.基于小波分解的高频金融时间序列预测[J].长春工业大学学报(自然科学版),2009,**30**(4):374-378.

[9] 丁一汇,任国玉,石广玉,等.气候变化国家评估报告(I):中国气候变化的历史和未来趋势[J].气候变化研究进展,2006,**2**(1):3-8.

[10] 江志红,丁裕国.近百年上海气候变暖过程的认识[J].应用气象学报,1999,**10**(2):155-156.

[11] 穆海振,孔春燕,汤绪,等.上海气温变化及城市化影响初步分析[J].热带气象学报,2008,**24**(6):673-674.

Analysis on Variation Characteristics and Oscillation Period of Annual and Seasonal Mean Temperature over Fengxian District in 1959－2013

FEI Lei[1]　　*XU Xiangming*[1]　　*GU Pinqiang*[2]　　*MA Hao*[3]

(1 *Fengxian District Meteorological Observatory*, *Shanghai*　201416;

2 *Fengxian District Meteorological Office*, *Shanghai*　201416; 3 *School of Mechanical Engineering*,

Shanghai Institute of Technologh, *Shanghai*　201418)

Abstract

Using the climate characteristic numbers and correlation analysis method on the temperature data of Fengxian District during 1959－2013 the change characteristics of temperature are analyzed，and then using the empirical mode decomposition method the analysis of trend and cycle of oscillation are conduced for the time series data of temperature. The results show that，in Fengxian 55 years，the annual mean temperature first rises then falls taking the early 1980s as boundary，the overall rate of temperature rise is equal to 0.24℃/10a. The annual mean temperature has significant periodic oscillations with periods of 3a，7a and 18.5a. Fengxian seasonal mean temperatures in 55 years generally show an upward change in autumn mean temperature with a smooth rise. Spring and summer decadal mean temperatures are of generally small fluctuations around the mean rapid rise；respectively having 30a and 40a time intervals，then to a process of change. The winter mean temperature shows an M—shaped fluctuating rising. The interdecadal fast temperature increase periods occurred in the winter seasonal mean temperature in the 1990s as well as in the spring and summer seasonal mean temperatures in the 2000s. All seasonal mean temperatures have oscillation periods of about 3a，4.5—6a，and 9—18.5a.

上海崇明岛近地面臭氧浓度变化特征研究

顾凯华[1]　顾　薇[1]　高　伟[2]

(1 上海市崇明县气象局　上海　202150；2 上海市浦东新区气象局　上海　200135)

提　要

利用 2009 年 3 月至 2010 年 2 月上海崇明岛地区近地面臭氧浓度的连续监测资料,研究了近地面臭氧浓度全年总体分布、季节变化、日变化及浓度频率分布情况,初步分析了各气象要素对臭氧浓度的影响。结果表明,该地区臭氧浓度全年平均值为 71.57 $\mu g/m^3$,其日变化呈明显单峰型分布,14:00 左右达到最大值,约 07:00 出现最小值。臭氧浓度月均值在春末夏初达到最大值,在 12 月至次年 2 月出现最小值,呈现出臭氧浓度春季＞夏季＞秋季＞冬季的季节变化特征。臭氧浓度平均振幅在夏季达到最大,说明夏季臭氧光化学反应比较强烈。崇明岛全年近地面臭氧污染臭氧浓度小时值超过 1 级标准的频率为 2.4%,2 级标准超标率仅为 0.7%。

关键词　崇明岛　近地面臭氧　变化特征

0　引　言

近地面臭氧是由汽车尾气、石油化工等排放的氮氧化物 NO_X(NO、NO_2)和挥发性有机化合物 VOCs 等一次污染物在大气中发生光化学反应的产物,是主要的光化学烟雾特征污染物[1]。近年来,质量浓度逐渐增高的臭氧已成为城市低层大气最重要的污染物之一,由于其强氧化性而对眼睛和呼吸道有很强的刺激性,并可损害人体肺功能和伤害农作物,甚至引发癌症等严重疾病,因此,对地面臭氧的研究逐渐成为国际大气科学研究领域的热点之一。臭氧浓度主要受其形成和转化的光化学反应所控制,另外还受近地面大气过程与下垫面性质的强烈影响,它随着季节、辐射状况、气象条件及大气污染等因素的变化而有所不同[2,3]。

工业化和城市化的进程使上海城市光化学污染现象日益明显,而崇明作为上海最后一块未深入开发的土地,目前还比较缺乏臭氧的相关研究,开展环境空气中臭氧浓度的监测与分析研究有十分重要的意义,有助于了解崇明岛大气污染状况,为城市光化学污染的监测和预警提供科学依据。本文统计分析了 2009 年 3 月 1 日至 2010 年 2 月 28 日的近地面臭氧观测资料,臭氧浓度的统计规则参考欧盟的统计方法[4],分析了崇明岛近地面臭

资助项目:上海市气象局科技研究课题项目(QM201414)。

作者简介:顾凯华(1984—),男,江苏启东人,工程师,从事测报、预报、大气环境化学及相关领域的研究;E-mail:
309177874@qq.com。

氧污染水平及其浓度随时间变化的规律，并初步探讨气温、降水、日照、相对湿度及风等气象条件对臭氧污染的影响，为减缓臭氧污染对人类健康和生态环境的危害提供理论依据。

1　实验与方法

采样地点设于崇明县气象局办公大楼楼顶（具体位置在 $31°38'N,121°24'E$，该站点位于城郊，周围地势平坦，没有大型工厂等污染源，能较好地代表区域特征）。采样杆离屋顶垂直距离为 1.5 m，采样口视角开阔，周围无任何建筑物及树木遮挡，整个采样口垂直离地距离均在 15 m 左右。

2　数据采集、分析及质量保证

观测仪器采用产自澳大利亚 Ecotech 公司的 ML/EC9810 型臭氧分析仪。该仪器每天 24 h 在线连续观测，数据输出使用卡尔曼滤波处理，数据采集频率为 1 min，每半年使用 Thermo 49IPS 型紫外光度计法臭氧校准仪进行一次观测分析仪器的零点和量程以及多点线性校准标定工作[5]。参照《中国气象局大气成分观测站业务运行管理办法》《环境空气质量自动监测技术规范》《区域大气本底站技术手册》以及美国 EPA 等规范中的相关规定，上海市气象局结合自身的运行情况开发并实施了上海市大气成分数据质量控制与运行管理系统，实现了大气成分观测网的仪器设备运行、数据采集、数据规则入库与存储、数据统计查询与分析、数据质量控制、站网监控与报警以及站网操作维护、管理信息归档等，并投入业务运行使用。基本可以实现对仪器、遥控、全方位的监控，以保证及时发现问题并解决问题，以最大程度地保证数据的高质量。

3　结果与分析

3.1　臭氧浓度小时值频率分布

以 5 $\mu g/m^3$ 为间隔，统计 2009 年 3 月至 2010 年 2 月监测的不同臭氧浓度小时值的出现频率。如图 1 所示，崇明岛臭氧浓度小时值频率总体分布呈类似单峰型特点，曲线有峰值出现，表示臭氧浓度在 $50\sim100$ $\mu g/m^3$ 浓度范围内出现的频数较多。根据我国《环境空气质量标准》（GB3095－2012）要求，臭氧浓度小时值 1 级标准为 160 $\mu g/m^3$ 时，2 级标准为 200 $\mu g/m^3$，而臭氧日最大 8 h 平均质量浓度 1 级标准为 100 $\mu g/m^3$，2 级标准为 160 $\mu g/m^3$，崇明岛近地面臭氧污染浓度全年平均值为 71.57 $\mu g/m^3$，小时平均值超过 1 级标准的频率为 2.4%，这与张爱东等[6]在中心城区所监测到的 2.88% 的臭氧超标率接近，2 级标准（适于一般生活区）超标率仅为 0.7%，而从臭氧日最大 8 h 平均来看，1 级超标率 41.1%，2 级超标率为 9.6%，臭氧超标的情况基本发生在春、夏两季。

3.2　臭氧浓度的变化规律

（1）季节变化特征

由 1 年监测期内臭氧浓度的月平均值和变化趋势（图 2）可以看出，2009 年 5 月臭氧浓度平均值最高，达到 96.7 $\mu g/m^3$，其次是 10 月、6 月、4 月，臭氧浓度分别为 87.9 $\mu g/m^3$、

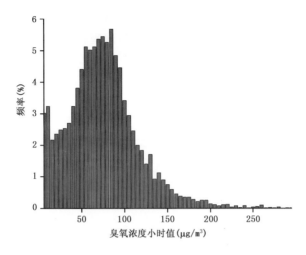

图 1　臭氧浓度小时值频率分布

84.7 $\mu g/m^3$、83.8 $\mu g/m^3$；12 月份最低，平均浓度为 41.8 $\mu g/m^3$，浓度较低的月份还有 1 月和 11 月，分别为 46.5 $\mu g/m^3$ 和 54.2 $\mu g/m^3$。从整年分布情况来看，臭氧平均浓度呈双峰双谷的分布形态，并且具有春季＞夏季＞秋季＞冬季的季节变化特征，这与陈魁、殷永泉等人的研究结论基本一致[7,8]。

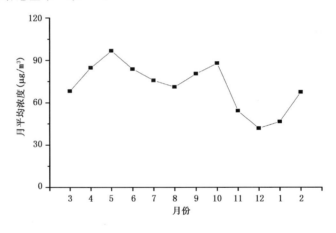

图 2　上海崇明岛近地面臭氧浓度月际变化曲线

（2）日变化特征

从全年平均来看，臭氧浓度小时值在一年四季 1 天之中均呈现单峰型变化规律（图 3），夜间质量浓度变化平缓，日出前后（06:00－07:00）达到全天最低值，臭氧浓度小时值的日平均振幅在夏季达到最大，而冬季最小。日出后随着太阳辐射的逐渐增强，大气光化学反应逐渐加剧，臭氧作为光化学反应的二次污染物，其浓度逐渐上升，14:00 前后达到最高值，之后随着光照的减弱而逐渐下降。臭氧浓度小时极大值均出现在 12:00－16:00，极小值出现在 22:00 至次日 07:00，可以看出，夜间至清晨崇明岛臭氧浓度小时值基本维持在一个相对稳定的低值区，浓度范围变化不大，这与夜间较白天的光化学反应极弱且无明显的外来臭氧输送有关[9]。

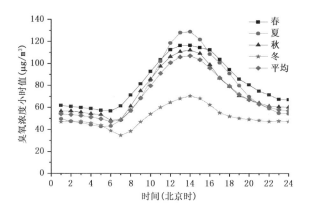

图 3　上海崇明岛近地面臭氧浓度小时值日变化曲线

3.3　臭氧与氮氧化物的依存关系

一年四季，一日之内 O_3、NO_x 浓度分布不尽相同，选取质量浓度日平均振幅最大的夏季（6 月、7 月、8 月），研究 O_3 与 NO_x 的日变化情况（图 4）。结果显示，一日之中 NO、NO_2 的峰值基本出现在上午 08∶00−09∶00，但是 O_3 峰值并不是出现在该时刻，而是出现在下午 13∶00−14∶00，比一天中 NO_x 峰值的出现时间大约推迟 5 h，这再次验证了 O_3 并非原始排出物而是 NO、NO_2 等物质光化学反应生成的二次污染物[10]。

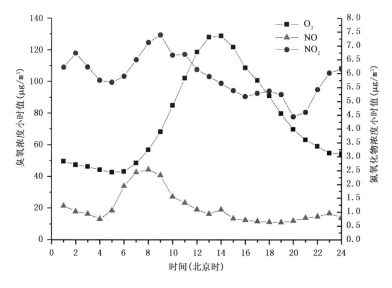

图 4　2009 年 8 月 20 日上海崇明岛近地面臭氧与氮氧化物日变化

3.4　臭氧浓度的变化与气象条件的关系

（1）臭氧浓度与气象要素的相关分析

由全年的观测数据计算臭氧浓度月均值与各要素月均值之间的相关系数（图 5），其中降水量为每月降水总量。就全年来讲，臭氧浓度与气温、相对湿度、日照时数、降水量和风速的相关系数分别为 $0.71(n=12,\alpha<0.0001)$，$-0.25(n=12,\alpha<0.005)$，$0.68(n=12,\alpha<0.0001)$，$0.17(n=12,\alpha<0.001)$ 以及 $-0.25(n=12,\alpha<0.005)$，其中臭氧浓度与

日照、温度呈明显正相关关系,说明日照时间长、气温高,有利于臭氧浓度的升高;相对湿度、降水量与臭氧浓度呈负相关,说明其不利于臭氧浓度的升高;同时臭氧浓度与气温、日照的相关性明显,这也说明气温与日照对其影响非常大。综合来看,其余各因子与臭氧浓度的相关性均不明显,说明臭氧的生成是一个复杂的化学过程,降水、相对湿度等气象要素并不是影响臭氧浓度的主要因素。

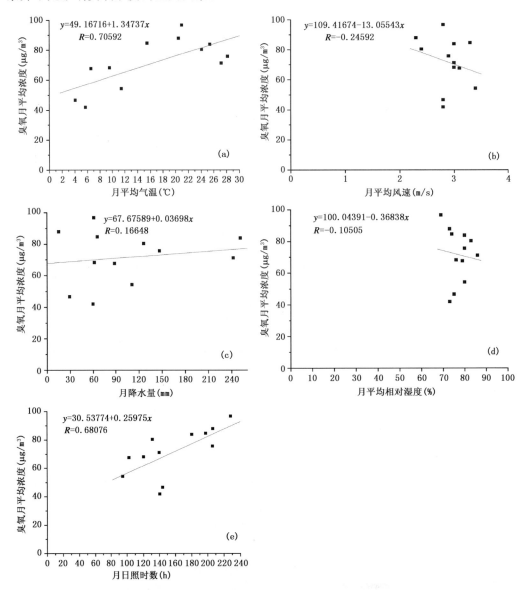

图5　上海崇明岛地面臭氧月平均浓度与各气象要素的相关性

　　选取臭氧浓度较高的9,10,11月与浓度较低的1,6,7月,单独分析臭氧浓度与各气象因子的相关性。结果表明:在臭氧浓度较低时,臭氧浓度与气温有较好的正相关关系,与相对湿度有较好的负相关关系,与日照在1月和6月有较好的正相关关系,但在7月相关性较差;与日降水量均呈负相关关系,但相关性不明显;而在臭氧浓度较高时,臭氧质量浓度与各气象因子相关性均不稳定。这说明当臭氧浓度较低时,气温、相对湿度和日照与臭氧的变化关系密切;当臭氧浓度较高时,气温等气象因子与臭氧浓度的变化关系不密切,这与陈玲等的研究结论一致[2]。

(2)典型高浓度臭氧日的气象特征

统计了 2009 年 10 天典型高浓度臭氧日天气情况,发现在高浓度臭氧日,基本以少量中高云和较少的低云为主,期间日照较丰富,温度较高,风速较小(表 1),这与谈建国等的观测结果是一致的[11]。

经分析,日照小时分布情况与臭氧浓度小时变化基本都呈现单峰型(图 6),从清晨 06—07 时开始上升,12—14 时日照时数达到最大值,而后开始下降,19 时至翌日 05 时(傍晚至次日凌晨)日照值基本为 0;臭氧浓度值与日照值显著正相关,相关系数达到 0.81,可见太阳短波紫外辐射、日照引起了温度变化,很大程度上直接影响着臭氧浓度的变化[12];由图 6 可知,一天中臭氧浓度的最大值出现的时间稍滞后于太阳紫外辐射最强的时间,这是因为光化辐射引起的光化学反应和其他化学反应的发生需要一定的时间[9]。

统计发现,选取的 10 天高浓度臭氧日,极端最高气温均在 30 ℃ 以上,而风速均较小。而选取的 10 天低浓度臭氧日(表 1)可知,极端最高气温较高浓度臭氧日低,日照偏少,平均风速相对大一些。

表 1   最高 10 个高浓度臭氧日和最低 10 个低浓度臭氧日的对比分析

臭氧日类型	臭氧浓度(μg/m³)			最高温度(℃)			日照时数(h)			风速(m/s)		
	平均	最高	最低	平均	最高	最低	平均	最高	最低	平均	最高	最低
高浓度臭氧日	272.2	314.1	256.4	33.4	36.5	33.7	8.2	12.5	5.8	2.4	3.3	1.6
低浓度臭氧日	19.5	31.9	3.6	18.4	30.2	6.5	3.0	11.3	0.0	3.1	6.4	2.2

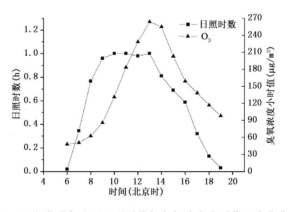

图 6   上海崇明岛地面日照时数与臭氧浓度小时值日变化曲线

(3)线性多项式拟合

采用 2009 年 3 月—2010 年 2 月,月臭氧浓度小时值与每日气温、风速、降水量、相对湿度、日照时数做线性多项式拟合,结果如下:

$$C_{[O_3]} = 94.70793 + 1.235T + 4.235V - 0.036R - 1.05RH - 0.061S$$
$$(n = 12, R^2 = 0.72209, \alpha < 0.0001)$$

式中:$C_{[O_3]}$ 为臭氧浓度,T 为气温,V 为风速,R 为降水量,RH 为相对湿度(%),S 为日照时数。多因子拟合的结果显示影响因子大幅度增加后能够较好地通过气象因素在一定程度上反演出臭氧浓度数值。

4 结 论

(1)2009 年 3 月—2010 年 2 月的监测结果显示,崇明岛近地面臭氧污染浓度全年平均值为 71.57 $\mu g/m^3$,小时值超过 1 级标准的频率为 2.4%,2 级标准(适于一般生活区)超标率仅为 0.7%,而从臭氧日最大 8 h 平均来看,1 级超标率为 41.1%,2 级超标率为 9.6%,臭氧超标的情况基本发生在春、夏季节。

(2)崇明岛臭氧浓度的季节变化呈现出春季＞夏季＞秋季＞冬季的季节变化特征。一年中最高臭氧浓度出现在阳光充足、降水量少的 10 月份;臭氧浓度小时值在 1 天中呈现单峰型变化规律,07:00 前后达到全天最低值,14:00 前后达到最高值。高浓度臭氧日一般出现在气温较高、风速较小的夏季。

(3)臭氧浓度与日照、温度呈明显正相关关系,说明日照时间长、气温高,有利于臭氧浓度的升高;相对湿度、降水量与臭氧浓度呈负相关关系,说明其不利于臭氧浓度的升高;臭氧的生成是一个复杂的化学过程,降水、相对湿度等气象要素并不是影响臭氧浓度的主要因素。

应当指出的是,由于观测资料有限,尽管结论与相关的一些研究相一致,但资料年代较短,除了一般性结论外,体现崇明岛近地面臭氧浓度的变化特点的研究还有待进一步深入。

参考文献

[1] 杨昕,李兴生.近地面 O_3 变化化学反应机理的数值研究[J].大气科学,1999,**23**(4):427-438.

[2] 陈玲,夏冬,贾志宏,等.东莞市近地面臭氧质量浓度变化特征[J].广东气象,2011,**33**(1):60-63

[3] 沈琰,杨卫芬,蔡惠文.常州市典型臭氧污染天气过程及成因分析研究[J].环境科学与管理,2013,**38**:173-177.

[4] European Environment Agency. Directive 2002/3/Ec of the European Parliament and of the Council of 12 February 2002:Relating to ozone in ambit air[S]. http://eur-lex. europa. eu/pri/en/oj/dat/2002/l_067200200309en0010030. pdf. , 2002:12-15.

[5] 耿福海,毛晓琴,铁学熙,等.2006—2008 年上海地区臭氧污染特征与评价指标研究[J].热带气象学报,2010,**26**(5):584-590.

[6] 张爱东,王晓燕,修光利,等.上海市中心城区低空大气臭氧污染特征和变化状况[J].上海环境科学,2007,**26**(2):62-66.

[7] 陈魁,郭胜华,董海燕,等.天津市臭氧浓度时空分布与变化特征研究[J].环境与可持续发展,2010,**1**:17-20.

[8] 殷永泉,单文坡,纪霞,等.济南大气臭氧浓度变化规律[J].环境科学,2006,**27**(11):2299-2302.

[9] 王宏,陈晓秋,余永江,等.福州近地层臭氧分布及其与气象要素的相关性[J].自然灾害学报,2012,**21**(4):175-181.

[10] 于鹏,王建华,郭素荣,等.近十年青岛市臭氧质量浓度分布特征分析[J].青岛大学学报,2002,**17**

（1）:87-89.

[11] 谈建国,陆国良,耿福海,等.上海夏季近地面臭氧浓度及其相关气象因子的分析和预报[J].热带气象学报,2007,**23**(5):515-520.

[12] 王宏,林长城,陈晓秋,等.天气条件对福州近地层臭氧分布的影响[J].生态环境学报,2011,**20**(8):1320-1325.

A Study on the Variation Characteristics of Ground Ozone Levels on Chongming Island in Shanghai

GU Kaihua[1]　　*GU Wei*[1]　　*GAO Wei*[2]

(1 *Shanghai Chongming Meteorological Bureau*, *Shanghai*　202150;
2 *Shanghai Pudong Meteorological Bureau*, *Shanghai*　200135)

Abstract

The continuous observation data of surface ozone (O_3) concentrations over Chongming Island in Shanghai from March 2009 to February 2010 were used to study the annual overall distribution of surface O_3 and their seasonal and diurnal variations and concentration frequency distribution rules. The results have shown that the average concentration of surface O_3 is 71.57 $\mu g/m^3$. Diurnal variations of surface O_3 concentrations have obvious characteristic of a single peak, and its minimum at 07:00 BT in the morning, and maximum at 14:00 BT in the afternoon. Monthly averaged surface O_3 concentrations reach its maximum during late spring and early summer, and minimum from December to February in the next year. Varying scopes of surface ozone concentration in summer are the broadest, which means that there exists a strong photochemical reaction in summer on Chongming Island. Surface ozone concentration in every season exceeding the first-class standard defined in Ambient Air Quality Specification (GB3095－2012) is 2.4%, and only 0.7% of surface ozone concentrations exceed the second-class standard.

金华市高温日数气候变化特征与大气环流特征

刘学华　黄　艳

(浙江省金华市气象局　金华　321000)

提　要

本文利用 1953—2013 年金华市逐日最高气温和美国 NCEP/NCAR 再分析资料,运用小波分析、二项式滑动平均、合成分析等方法,分析了金华市 61 年来夏半年高温日数的气候变化特征和异常年份 7、8 月的大气环流特征。结果表明:金华高温日数主要集中在 7—8 月份,呈单峰型,7 月最多;高温初日主要集中在 6—7 月份,高温终日主要集中在 9 月;高温异常偏少年对应夏季降水偏多概率大;高温日数在不同时段存在准 23 年、14 年、8 年的周期,但是 2001 年以后,上述周期特征不明显;高温异常偏多年较偏少年南压高压、副热带高压明显偏强,副高脊线偏北,北方冷空气偏弱,高温异常偏多年 850 hPa 温度较偏少年平均偏高 1~2 ℃。

关键词　高温异常　周期性　大气环流响应

0　引　言

2007 年,联合国政府间气候变化专门委员会(Intergovermental Panel on Climate Change,IPCC)第 4 次评估报告称全球变暖是不争的事实[1]。全球变暖会带来一系列人体健康问题,最直接的影响是高温热浪。高温天气给人们生活和工农业生产带来影响,尤其是夏季用水用电的需求量急剧上升,造成供需矛盾,严重影响生活和生产。持续的高温还会对人们的健康带来危害,甚至危及生命。气象学者对高温也做了较多的研究,邹瑾等[2]利用 REOF、合成法对山东省夏季极端高温的气候特征及其与赤道太平洋海温异常的关系进行了分析;孙燕等[3]运用小波分析、二项式滑动平均、合成分析等方法,分析了南京 57 a 来高温日数的气候特征及大气环流特征;王晓莉等[4]诊断分析了武汉、合肥、南昌 3 站高温特征及其与海温的相关性。

过去对金华市气候要素多集中于降水的研究,而对高温研究甚少,从气候上探讨高温天气出现次数与大气环流变化之间的相互关系更是很少涉及,因此,本文以高温日数为主要研究对象,探讨金华 61 a 来高温日数的气候统计特征,以及与其相关的大气环流变化特征,为金华市的高温预测和高温灾害预防提供一定的分析依据。

基金项目:金华市科技局一般项目(2013A32038)资助。

作者简介:刘学华(1977—),男,山东滨州人,高级工程师,主要从事中短期天气预报研究;E-mail:lxh7343@126.com。

1　资料与方法

1.1　资料来源

气温资料选取金华站 1953—2013 年逐日最高气温数据;大气环流资料选用 1953—2013 年美国 NCEP 月平均高度场(100、500 hPa)、温度场(850 hPa)再分析资料,其水平分辨率为经/纬距 2.5°×2.5°。

1.2　资料处理方法

高温等级划分及高温日数异常标准。在日最高气温($T_{\max}$)$\geqslant$35 ℃,该日为一个高温日。根据文献[5],将高温分为 3 级:高温(38 ℃>$T_{\max}\geqslant$35 ℃),危害性高温(40 ℃>$T_{\max}\geqslant$38 ℃),强危害性高温($T_{\max}\geqslant$40 ℃)。

标准差公式:

$$s = \sqrt{\frac{1}{n}\sum_{i=1}^{n}(x_i - \bar{x})^2} \tag{1}$$

标准化距平公式:

$$y_i = \frac{(x_i - \bar{x})}{s} \tag{2}$$

式中:x_i 为第 i 个高温日样本的 $T_{\max}$,$\bar{x}$ 为 n 个样本(本文取 $n=2126$)的 $T_{\max}$ 平均值。标准化距平是衡量样本围绕平均值的变化幅度,本文中定义高温日数标准化距平>1.0 的年份为高温日数异常偏多年,<-1.0 为高温日数异常偏少年。

2　金华市高温日数的特征分析

2.1　高温日数的气候变化概况

图 1 给出金华市 1953—2013 年的年高温日数时间序列。由图可见:61 a 来金华共出现 2126 个高温日,61 a 来的年平均为 34.8 d,共有 27 年的高温日数超过了多年平均值。其中出现高温日数最多的是 1961 年、1967 年(分别达 63 d),次大值出现在 1971 年(62

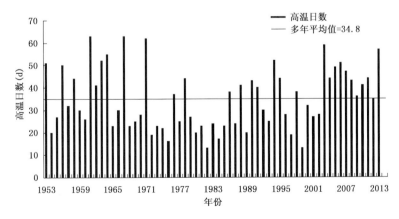

图 1　1953—2013 年金华市高温日数逐年变化

d);而 1982 年、1999 年的高温日数只有 13 d,为 61 a 来的最小值。表 1 给出了高温值的分布情况,可见高温在各温度区间由低到高所占比例逐渐减小,35~36 ℃所占比例最大,达 33.0%,36~37 ℃次之,达 29.7%;危害性高温(38 ℃≤T_{max}<40 ℃)占 15.8%,强危害性高温(T_{max}≥40 ℃)占 1.3%,其中 40 ℃以上高温共出现 28 次,分别出现在 1953、1961、1966、1967、1988、2003、2013 年,出现次数在 21 世纪 60 年代比较集中,2013 年最多,达 8 d,创新的历史记录,且极端最高温度达 41.5 ℃,也创历史最高值(出现在 2013 年 8 月 9 日)。

表 1　1953—2013 年金华市高温日 T_{max} 各区间高温日数分布

高温日 T_{max} 区间	35 ℃≤T_{max}<36 ℃	36 ℃≤T_{max}<37 ℃	37 ℃≤T_{max}<38 ℃	38 ℃≤T_{max}<39 ℃	39 ℃≤T_{max}<40 ℃	T_{max}≥40 ℃
对应高温日数(d)	703	631	430	257	77	28
比例(%)	33.0	29.7	20.2	12.1	3.7	1.3

2.2　高温日数的月、季特征

图 2 给出了金华市各月 61 a 累计高温日数分布。由图可见,5—10 月都有高温天气出现,不仅仅出现在夏季,在春末和秋初也都有出现。高温日数分布呈单峰型,7 月出现最多,达 989 d,占高温总天数的 46.5%,8 月次之,达 753 d,占 35.4%,6 月、9 月高温天数相当,有 150 d 左右,10 月最少,仅 4 d。可见,7、8 月为高温天气频发期,极端最高温度也出现在此时段内。

另外,金华高温初日平均出现在 6 月 19 日,高温终日平均出现在 9 月 4 日。金华高温初日和高温终日年际差异较大,高温初日主要出现在 6、7 月份,61 a 间高温初日出现在 6 月份的有 25 年,7 月的有 22 a,占了总数的 77%,在 5 月仅有 14 年,高温初日最早出现在 5 月 5 日(1985 年),最迟出现在 7 月 21 日(1973 年);高温终日出现时间主要在 9 月份,达 37 a,占总数的 60%,其次是 8 月,有 19 a,10 月份有 4 a,而出现在 7 月仅有一年,高温终日最早出现在 7 月 28 日(1980 年),最迟出现在 10 月 2 日(1954、1984、1999 年)。

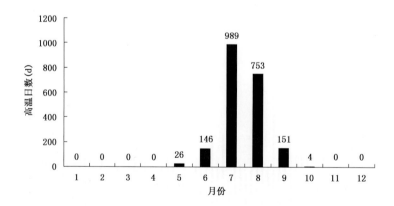

图 2　1953—2013 年金华市各月高温日数累计分布

2.3　高温日数的年际、年代际特征

图 3 给出了金华市高温日数标准化距平年际变化、9 a 滑动平均及其趋势曲线。由趋

势曲线可见,金华市年高温日数总体呈增加趋势;由 9 a 滑动平均曲线可见,高温日数较常年平均有相对集中的偏多偏少时段,且呈波浪式分布,1956—1967 年处于高温日数偏多时段,1968—1989 年处于高温日数偏少时段,1994—1995 年与常年平均持平,1996—2002 年处于偏少时段,2003—2013 年又处于偏多时段。根据年高温日数异常标准,1953、1956、1961、1967、1971、1994、2003、2006、2007、2013 年为高温日数异常偏多年份,1954、1955、1972、1982、1984、1985、1997、1999 年为高温日数异常偏少年份。同时诊断高温异常年份与夏季降水异常是否有对应关系,本文对夏季降水进行距平百分率统计分析(表2),10 个高温日数异常偏多年份中有 8 a 夏季的降水距平百分率为负值(偏少 −12.8%～−44.9%),即降水较常年同期平均偏少 1 成以上,2006 年接近常年,仅 1994 年降水距平百分率明显偏多,达 34.9%;而 8 个异常偏少年中有 6 a 夏季的降水距平百分率为正值(偏多 11.1%～72.7%),1982 年偏少 8.2%,仅 1985 年降水距平百分率明显偏少,达−35.9%。可见高温异常偏多年份夏季累计降水量较常年同期偏少的概率大,而异常偏少年份夏季累计降水量较常年同期偏多的概率大。

1953—2013 年金华市年高温日数平均值为 34.8 d,1950—1960 年代,金华市年高温日数处于一个相对高位时期,1970—1990 年代处于低位期,2000 年代再处于高位期(年代平均值达 42.5 d),2011—2013 年平均值达 45.3 d,可见进入 21 世纪以来,高温日数明显高于平均值,处高位期,要特别注意高温日数异常年份的出现。

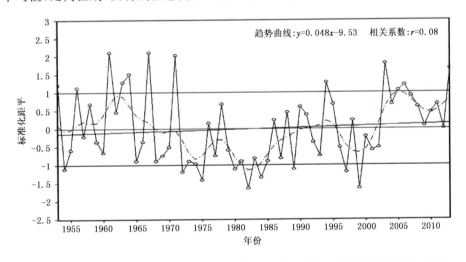

图 3　金华市高温日数标准化距平(空心圆连线)、9 a 滑动平均(虚线)和趋势变化(实线)

表 2　金华市高温异常年份高温日数标准化距平及 6—8 月降水距平百分率

	年份	1953	1956	1961	1967	1971	1994	2003	2006	2007	2013
偏多年	高温标准化距平	1.53	1.29	2.41	1.69	2.17	1.45	1.45	1.37	1.21	1.69
	降水距平百分率(%)	−44.9	−47.2	−12.8	−19.8	−15.8	37.9	−34.9	6.8	−40.5	−14.5
	年份	1954	1955	1972	1982	1984	1985	1997	1999		
偏少年	高温标准化距平	−1.42	−1.34	−1.18	−1.5	−1.26	−1.02	−1.18	−1.98		
	降水距平百分率(%)	72.7	45.2	11.1	−8.2	25	−35.9	23.1	56.4		

3　高温日数变化的周期性特征

　　为了进一步分析高温日数变化的周期性特征,对 61 a 的高温日数进行了 Morlet 小波分析(图 4)。由图可见,金华高温日数在 1953—2000 年存在显著的准 14 年的周期,2001 年以后该周期特征信号减弱;1953—1980 年存在准 23 年的周期,之后该信号特征不明显;1963—1995 年存在准 8 a 的周期;2001—2013 年不存在上述周期性特征。小波分析的方差分布(图略)也验证了 23 a、14 a、8 a 周期性的存在。

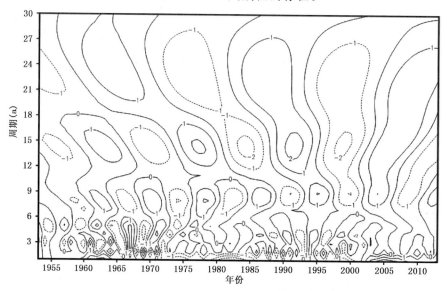

图 4　金华市高温日数小波变换系数实部的时频分布

4　大气环流响应

　　金华市高温日数的异常是在全球变暖气候背景下引起的演变趋势,更是该地区大气环流异常直接影响的结果。大气环流反映了大气运动的基本状态,是各种不同尺度的天气系统发生、发展和移动的背景条件,并制约和孕育着较小规模的大气运动。500 hPa 副热带高压是控制热带、副热带地区持久的大型环流系统之一,对西太平洋和东亚地区的天气变化有极其密切的关系;100 hPa 的南亚高压是北半球最强大、最稳定的控制系统,夏季出现在青藏高原及邻近地区上空,对我国夏季大范围旱涝分布及亚洲天气气候都有重大影响[6]。金华高温日主要集中在 7、8 月份,该期间高温日数的异常往往决定着全年高温日数的异常。本文将高温异常年份 7、8 月的 100 hPa、500 hPa 高度场,850 hPa 温度场进行合成分析,以期得出有意义的结果。

4.1　高温日数异常偏多、偏少年的高度场特征

　　图 5 给出了高温日数异常偏多年 7—8 月的 100、500 hPa 位势高度合成场。由图可见,在高温日异常偏多年 100 hPa 南亚高压明显偏强(图 5a),高压中心位于伊朗高原,中

心强度达 1709 dagpm,次中心在青藏高原,达 1708 dagpm,华东地区位于 1698~1702 dagpm,1696 dagpm 线的东伸脊点位置达到 138°E;高温日数异常偏多年 500 hPa 高度场(图 5b)中纬度环流较平直,不利于冷空气南下,在河套附近有一浅槽,副热带高压较高温日数异常偏少年期间明显偏强,华东地区位于 586~588 dagpm 等值线之间,在西太平洋有一 588 dagpm 闭合环流中心,副高脊线在 30°N 附近,586 dagpm 线西伸脊点在 114°E 附近。

图 6 给出高温日数异常偏少年 7—8 月的 100、500 hPa 位势高度合成场。高温日数异常偏少年 100 hPa 南亚高压中心位置(图 6a)与偏多年(图 5a)相比较,其中心位置变化不大,但其强度减弱,中心强度为 1707 dagpm,华东地区位于 1696~1700 dagpm 等值线之间,1696 dagpm 线东伸脊点位置明显偏西,位于 125°E 附近。高温日数异常偏少年 500 hPa 高度场(图 6b)在山西东部—河南—湖北有一高空槽,较偏多年期间(图 5b)的浅槽偏强,位置偏东偏南,说明西风系统较强,副热带高压明显偏弱,华东地位于 584~586 dagpm,586 dagpm 线退至海上,副高脊线在 28°N 附近,586 dagpm 线西伸脊点在 125°E 附近。综上所述,高温日数异常偏多年与偏少年相比,100 hPa 南亚高压和 500 hPa 副热带高压明显偏强,500 hPa 副高脊线偏北、北方冷空气偏弱。

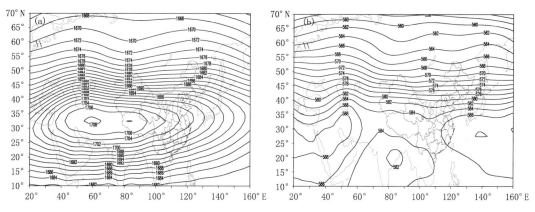

图 5　金华高温异常偏多年 7—8 月 100 hPa(a)、500 hPa(b) 高度合成场(单位:dagpm)

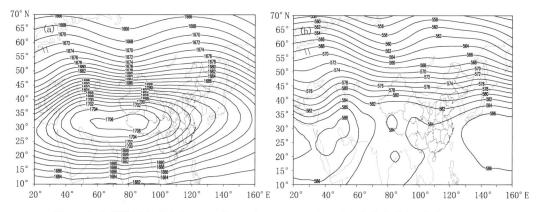

图 6　金华高温异常偏少年 7—8 月 100 hPa(a)、500 hPa(b) 高度合成场(单位:dagpm)

4.2 高温日数异常偏多、偏少年的 850 hPa 温度场特征

图 7 给出高温日数异常偏多年、偏少年 7—8 月的 850 hPa 温度合成场。两图比较可见,形势上较相近,高值中心位置相近,位于我国的高值区都在青藏高原,但偏多年温度明显高于偏少年,东部地区在江苏、安徽、江西交界区域有一 21 ℃的高温中心,华东地区在 20～21 ℃,而偏少年高温中心消失,华东地区在 19～20 ℃。可见,高温异常偏多年 850 hPa 温度较偏少年明显偏高,偏高幅度为 1～2 ℃。

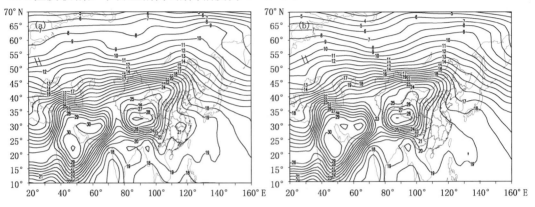

图 7　金华市高温日数异常偏多年（a）和偏少年（b）850 hPa 温度场合成(单位:℃)

5　结　论

(1)金华市高温日数主要集中在 7—8 月份,呈单峰型,7 月最多,8 月次之,高温初日主要集中在 6—7 月份,高温终日主要集中在 9 月。

(2)高温日异常偏多年多集中于偏多时段,且对应夏季降水偏少概率大,异常偏少年份集中于偏少时段,对应夏季降水量偏多概率大。2003 年以来,高温日数处于高位期,要特别注意异常偏多年份的出现。

(3)年高温日数在不同时段存在准 24 a、14 a、8 a 的周期变化特征,但是 2001 年以后,上述周期特征不明显。

(4)高温日异常偏多年与偏少年相比,100 hPa 南亚高压和 500 hPa 副热带高压明显偏强,副高脊线偏北,北方冷空气偏弱。高温日异常偏多年 850 hPa 温度较偏少年偏高平均 1～2 ℃。

参考文献

[1]　谈建国,陆晨,陈正洪.高温热浪与人体健康[M].北京:气象出版社,2009:27-38.

[2]　邹瑾,冯晓云,等.山东省夏季极端高温异常气候变化特征分析[J].气象科技,2004,**32**(3):182-186.

[3]　孙燕,濮梅娟,等.南京夏季高温日数异常的分析[J].气象科学,2010,**30**(2):279-284.

[4]　王晓莉,陈海山.长江中下游三市夏季高温异常变化特征及其与海温异常的可能联系[J].陕西气象,2011,**4**:5-8.

[5] Kalkstein L S. Activities with study group 6 of the International Society of Biometeorology[J]. *Int J Biometeor*,1998,**42**(1):8-9.

[6] 朱乾根,林锦瑞,等. 天气学原理和方法(第四版)[M]. 北京:气象出版社,2007:475-485.

Jinhua City Hot Wave Variation Features and Atmospheric Circulation

LIU Xuehua　　HUANG Yan

(*Jinhua Meteorological Bureau of Zhejiang Province，Jinhua　321000*)

Abstract

The data of daily maximum temperature observed by Jinhua Station during the period of 1953—2013 and the NCEP/NCAR reanalysis data of mean geopotential height and wind fields are analyzed using Morlet wavelet,binomial moving average and composite analysis methods. The characteristics of monthly, seasonal, interannual and decadal temporal changes of maximum temperature days and atmospheric circulation in July and August are studied. The results are as follows. High temperature mainly occurs in July and August, and most in July; The first high temperature day mainly occurs in June and July, and the last high temperature day mainly occurs in September. Meanwhile high temperature days have periods of 24a,14a and 8a steadily,it also has different periods for different time intervals. However, that steadiness is not obvious from 2001; during the increasing stage of the high temperature days. South Asia high is stronger than average, and subtropical high is westward and northward, and the north cold air is weak. The temperature on 850hPa is on the high side, and 1—2℃ higher than the less stage of the high temperature days.

闽西北"五月寒"天气型及 2011 年
"五月寒"成因分析

章达华　邝美清　邱赠东　沈永生　钟俊霖　吴姗

(福建省三明市气象局　三明　365000)

提　　要

本文对闽西北(三明市所属 11 个县、市)1959—2011 年"五月寒"天气进行了统计分析,揭示了"五月寒"天气的时间、地域分布特征;普查了 1959—2011 年"五月寒"天气期间 500 hPa、850 hPa、地面等天气图资料,归纳总结出闽西北区域性"五月寒"的概念模型,着重分析了"五月寒"与降水的关系,总结出闽西北"五月寒"的天气型;还对 2011 年 5 月闽西北区域性"五月寒"天气的成因进行了分析。

关键词　"五月寒"　天气型　成因分析

0　引　　言

"五月寒"天气是闽西北主要的灾害性天气之一。2011 年 5 月 23—26 日闽西北出现阴雨型的"五月寒"天气,由表 1 可见,其特点是:范围大(建宁、泰宁、将乐、宁化、清流、明溪等 6 县连续 3 d 出现日平均气温≤20 ℃的低温过程),强度强(23 日、24 日建宁县日平均气温为 13.9 ℃、14.2 ℃,突破历史同期最低值的记录),持续时间较长(建宁县出现 4 d 日平均气温≤20 ℃的"五月寒"天气)。"五月寒"天气影响闽西北早稻的正常孕穗开花,黄叶症生理病害发生严重,增加空壳率,降低产量,使三明市农业生产受到了较为严重的损失。因此,本文对这一灾害性天气进行分析,试图揭示其基本事实和影响因素,为闽西北今后"五月寒"天气的预报和防御提供线索和依据。

表 1　建宁、泰宁、将乐、宁化、清流、明溪 2011 年 5 月 23—26 日日平均气温一览表(单位:℃)

日期 \ 站名	三明	建宁	泰宁	将乐	宁化	清流	明溪	沙县	永安	大田	尤溪
5 月 23 日	20.5	13.9	14.9	18.9	15.7	16.1	18.5	21.2	20.7	20.6	21.8
5 月 24 日	16.8	14.2	14.9	16.7	15.0	15.3	15.9	17.2	16.9	17.9	18.1
5 月 25 日	19.1	17.1	17.5	19.2	17.1	17.7	18.4	19.6	18.9	19.0	19.8
5 月 26 日	21.7	19.9	20.2	21.6	20.1	20.4	20.8	22.3	21.6	22.0	22.9

作者简介:章达华(1959—),男,福建省龙岩市人,高级工程师,主要从事天气预报与气候预测研究;Email:fjsmzdh@163.com。

1 "五月寒"时空分布特征

1.1 "五月寒"的定义

福建北部地区"五月寒"的标准[1]是指 5 月下旬至 6 月中旬(阴历五月)连续 3 d 或以上日平均气温≤20 ℃的低温过程。本文定义:凡闽西北 11 个站中有 1～5 站达到上述标准的就称为 1 个"五月寒"过程,有 6～11 站达到上述标准的就称为 1 个区域性"五月寒"过程。

1.2 "五月寒"的气候概况

对 1959—2011 年的逐日日平均气温的统计表明,53 年来闽西北共出现 118 个站次、21 个"五月寒",年平均 0.396 个,区域性"五月寒"8 个,年平均 0.151 个,即:1960 年 5 月21—23 日、1975 年 5 月 21—23 日、1976 年 6 月 12—14 日、1981 年 5 月 21—25 日、5 月30 日—6 月 2 日、1990 年 5 月 24—27 日、2006 年 5 月 28 日—6 月 1 日,2011 年 5 月 23—25 日。

(1)"五月寒"的时间分布特征

21 个"五月寒"中频率最高的是 5 月下旬(76.2%),其次是 6 月上旬,出现频率为19.0%,6 月中旬为 4.8%(表 2)。

表 2　闽西北各县(市)1959—2011 年各时段"五月寒"出现频率统计表

时　间	5 月下旬	6 月上旬	6 月中旬
次　数	16	4	1
频率(%)	76.2	19.0	4.8

(2)"五月寒"的地域分布特征

闽西北"五月寒"天气的分布为西北部多、东南部少。"五月寒"出现频率的最高值位于建宁、泰宁,为 37.7%,其次是将乐,出现频率为 32.1%,沙县、尤溪出现频率最低,均为9.4%(表 3)。

表 3　闽西北各县(市)1959—2011 年"五月寒"次数及其出现频率统计表

站名	三明	建宁	泰宁	将乐	宁化	清流	明溪	永安	沙县	尤溪	大田
次数	6	20	20	17	13	10	8	6	5	5	6
频率(%)	11.3	37.7	37.7	32.1	24.5	18.9	15.1	11.3	9.4	9.4	11.3

从气象方面分析,5 月下旬—6 月中旬处于梅雨期间,由于西南季风活跃,北方若有冷空气不断南下,冷、暖空气交汇,出现连续性低温阴雨天气,便会出现"五月寒"。西北部"五月寒"相对较多,是因为进入闽西北冷空气的路径多为西路和中路,东路冷空气较少出现,因此,东南部"五月寒"相对少些(图 1)。

从地形方面分析,三明市西北部面临武夷山脉,以中、低山为主,间有小面积山间盆地,冷空气在这里滞留、堆积,最易出现"五月寒"天气;南部以丘陵盆地为主,盆地底部地势平坦开阔,冷空气扩散较快,"五月寒"相对少些(图 1)。

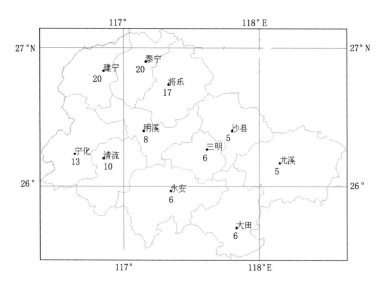

图 1　闽西北各县(市)1959—2011 年"五月寒"次数示意图

2　区域性"五月寒"的概念模型

普查 1959—2011 年闽西北区域性"五月寒"期间 08 时(北京时,下同)500 hPa、850 hPa 高空图和地面天气图,可得表 4。

表 4　闽西北区域性"五月寒"初日 08 时与地面冷高压、850 hPa 冷中心、500 hPa 切断低压关系

年份	地面冷高压中心		500 hPa 切断低压中心		850 hPa 冷中心		控制三明市	
	强度 (dagpm)	持续天数 (d)	强度 (dagpm)	持续天数 (d)	强度 (℃)	持续天数 (d)	地面等压线 (hPa)	850 hPa 等温线(℃)
1960 年 5 月 21 日	1017.9	3	532	3	4	3	1012.5	12
1975 年 5 月 21 日	1018.8	3	524	3	4	3	1012.5	12
1976 年 6 月 12 日	1017.9	3	550	3	5	3	1012.5	16
1981 年 5 月 21 日	1020.0	4	554	4	4	4	1010.0	12
1981 年 5 月 30 日	1017.5	3	540	3	5	3	1012.5	16
1990 年 5 月 24 日	1021.0	3	558	3	4	3	1012.5	12
2006 年 5 月 27 日	1025.0	7	560	6	4	6	1010.0	12
2011 年 5 月 23 日	1018.5	3	544	3	5	3	1010.0	16

从表 4 可知:

(1)500 hPa 在贝加尔湖以东至日本海有一中心强度≤560 dagpm 的切断低压维持,持续时间达 3 d 或以上,致使东亚大槽稳定维持并缓慢东移,槽后的偏北气流不断引导冷空气南下影响闽西北(图 2a)。

(2)850 hPa 天气图上,长江流域有一个或几个中心强度小于 5 ℃冷中心,持续时间达 3 d 或以上,闽西北大多处于等温线 12～16 ℃范围内(图 2b)。

(3)地面天气图上,长江以北有一冷高压控制,是造成闽西北区域性"五月寒"的主要天气系统。其主要特征是:冷高压强度较强,其中心强度大多为≥1017.5 hPa,持续时间达3 d或以上,闽西北大多处于等压线1012.5~1013.7 hPa范围内(图2c)。

综上所述,闽西北区域性"五月寒"的概念模型是:500 hPa图上贝加尔湖以东至日本海有一切断低压并持续3 d或以上;闽西北受东亚大槽后部的偏北气流控制;850 hPa图上长江流域为一个或几个冷中心控制并持续3 d或以上,闽西北大多处于等温线12~16 ℃范围内;地面图上长江以北有一冷高压控制并持续3 d或以上,闽西北大多处于等压线1012.5~1013.7 hPa范围内。

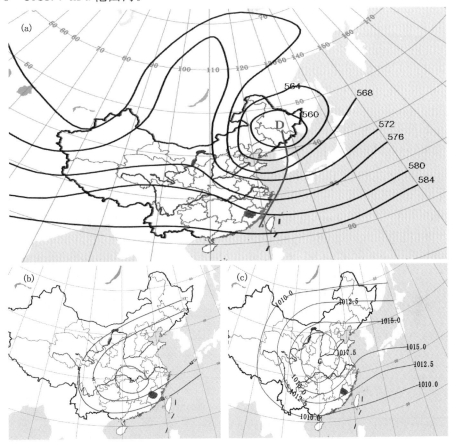

图2　闽西北各县(市)1959—2011年区域性"五月寒"的天气形势概念模型示意图
(a,单位:dagpm;b,单位:℃;c,单位:hPa)

3　"五月寒"天气型分析

"五月寒"是处于华南前汛期期间的低温现象,常有阴雨相伴,以"冷式切变"过程较多见,晴冷型的"五月寒"也有,但较少见[2],据统计,在闽西北所发生的21个"五月寒"中,均与降水相伴,降水加剧了气温的下降。"五月寒"发生初日降水的降温触发作用,则是"五月寒"发生的主要因素。基于此原因,对触发"五月寒"发生初日进行了天气型分析,很有必要。

　　研究过程中,规定当日08时天气型对应当日20时到3日后20时的"五月寒"现象; 5—6月"五月寒"初日的850 hPa天气型按照《福建前汛期暴雨的850 hPa天气型规定》[3]来划分。

3.1　定义

　　冷切适中型,其定义为:850 hPa天气型上,冷切位于北纬26°～30°N(与115°E线相交的切变应过汉口)之间(图3a)。

　　低涡冷切适中型,其定义为:850 hPa天气型上,准东—西向的冷切上有≤148 dagpm的闭合气旋环流,切变位于26°～29°N(与115°E线相交的切变应过汉口),低涡位于25°～29°N、103°～117°E(图3b)。

　　低涡冷切偏西型,其定义为:850 hPa天气型上,东北—西南向(或南—北向)的冷切上有≤144 dagpm的闭合气旋环流,切变位于长沙以西,低涡位于25°～30°N、105°～112°E(图3c)。

　　切变偏西型,其定义为:850 hPa天气型上,冷切(东北—西南向或南—北向)位于长沙以西,东—西向暖切位于30°N以北、115°E以东(图3d)。

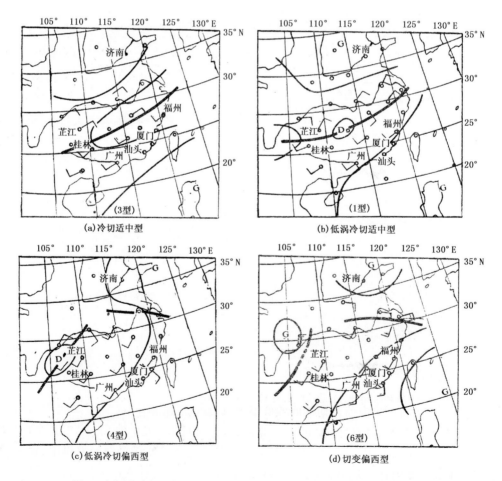

图3　闽西北各县(市)1959—2011年"五月寒"850 hPa天气型示意图

3.2 统计分析

对 1959—2011 年闽西北 21 个"五月寒"初日 08 时 850 hPa 天气图进行统计分析,可得表 5。

表 5 闽西北各县(市)1959—2011 年各天气型"五月寒"的次数及其概括率统计表

天气型	冷切适中型	低涡冷切适中型	低涡冷切偏西型	切变偏西型
五月寒次数	2	4	9	6
概括率(%)	9.5	19.0	42.9	28.6

注:概括率表示某天气型下"五月寒"次数占总次数的百分率。

从表 5 可知,闽西北 21 个"五月寒"出现的天气型中,低涡冷切偏西型出现"五月寒"最多,达 9 个,其概括率为 42.9%,其次是切变偏西型,为 6 个,其概括率为 28.6%;低涡冷切适中型第三,为 4 个,其概括率为 19.0%,冷切适中型最少,仅 2 个,概括率为 9.5%。上述 4 个类型的环流形势对闽西北"五月寒"天气具有较好的指示作用。

4 2011 年"五月寒"成因分析

4.1 500 hPa

500 hPa 高空图上,5 月 22 日 20 时—25 日 20 时中高纬环流形势为稳定的两槽一脊型。22 日 20 时中西伯利亚为一庞大的阻塞高压,其两侧为槽区,西槽位于西西伯利亚附近,为一狭长槽,东槽位于大兴安岭至华北北部,贝加尔湖至大兴安岭为一切断低涡,中心值为 548 dagpm,冷空气在这里堆积,而河套东部到广东西部为一南支槽,形成阶梯槽;闽西北受南支槽东移的影响,出现弱降水,并开始大幅度降温;23 日 08—20 时北支槽缓慢移动,南支槽则快速东传,北支槽与东传的南支槽叠加后,从大兴安岭至广东南部一带的南北向大槽建立,受其影响,出现强降水,气温降至最低,23 日建宁县日平均气温为 13.9 ℃,突破历史同期最低值的记录;24 日 08 时北支槽东移入海,24 日 08 时—25 日 20 时西槽遇庞大的中西伯利亚阻塞高压受阻,槽不断加深,分裂小槽东移[4]与青藏高原东侧南支槽汇合后不断东移,闽西北维持低温阴雨天气,26 日 08 时南支槽东移、北撤,闽西北转受西南气流控制,降水停止,气温回暖,此次"五月寒"过程才告结束。

22 日 20 时—25 日 20 时,西太平洋副热带高压(以下简称副高)位于 130°E 以东,并缓慢西伸,26 日 08 时西脊点伸至 120°E 附近,588 dagpm 线北界(121°~135°E)位于 25°~26°N,副高西北侧西南气流加强并维持较长时间,使大量的水汽和热量源源不断地输送到闽西北上空,为这一期间低温阴雨过程的产生提供了有利的动力和水汽条件(图4)。

4.2 850 hPa

850 hPa 高空图上,22 日 20 时浙江北部—江西中部—广东北部—广西南部一带有一冷式切变线,长江流域为一庞大的冷中心,中心强度为 5 ℃,闽西北处于 16 ℃ 等温线控制,出现低温阴雨天气;23 日 08 时随着冷中心南压,切变线南压至浙江中部—福建中部—广东南部一带,闽西北为 12 ℃ 等温线控制,气温明显下降,降水增大;23 日 20 时—25 日 20 时切变线位置少变、少动,12 ℃ 等温线持续控制闽西北,维持低温阴雨天气;26

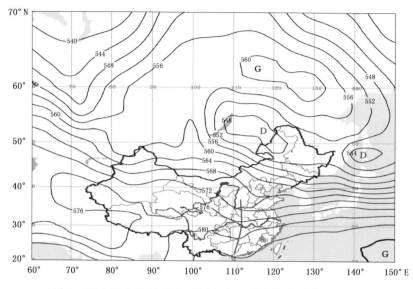

图4　2011年5月22日20时500 hPa高度场图(单位:dagpm)

日08时切变线南压至华南沿海,闽西北转受偏北气流控制,降水停止,此次"五月寒"过程才告结束(图5)。

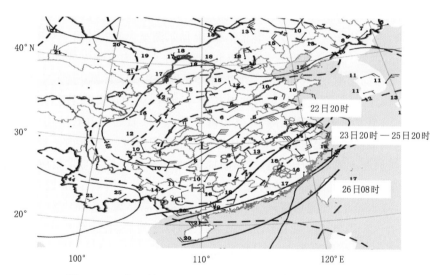

图5　2011年5月22日20时850 hPa高度场(实线,dagpm)和温度场(虚线,℃)、22日20时—26日08时切变(粗黑线)动态图

4.3　地面

地面图上,5月22日20时冷空气在我国中部堆积形成冷高压,中心位于秦岭一带,中心值为1018.5 hPa,冷空气前锋到达福建省北部,闽西北为1007.5~1010.0 hPa等压线控制,出现低温阴雨天气;随后冷高压不断加强并由中路偏西的路径向南缓慢推进,至23日20时,闽西北为1012.5 hPa等压线控制,23日气温降至最低;23日20时—25日20时冷高压位置少动、少变,冷锋一直在闽西北一带徘徊,闽西北维持低温阴雨天气;直到26

日 08 时冷高压北撤、减弱,闽西北降水停止,气温回暖,此次"五月寒"过程才告结束(图 6)。

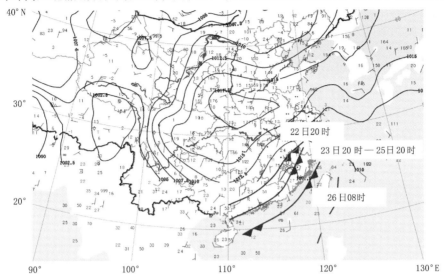

图 6　2011 年 5 月 22 日 20 时地面图(单位:hPa)和 22 日 20 时－26 日 08 时锋面动态图

5　小　结

(1)闽西北"五月寒"出现频率最多的是 5 月下旬,达 76.2%,其次是 6 月上旬,出现频率为 19.0%,6 月中旬出现频率最少,为 4.8%。

(2)闽西北"五月寒"天气的分布为西北部多、东南部少。"五月寒"出现频率的最高值位于建宁、泰宁,为 37.7%,其次是将乐,出现频率为 32.1%,沙县、尤溪出现频率最低,均为 9.4%。

(3)闽西北区域性"五月寒"的概念模型是:500 hPa 图上贝加尔湖以东至日本海有一切断低压并持续 3 d 或以上;闽西北受东亚大槽后部的偏北气流控制;850 hPa 图上长江流域为一个或几个冷中心控制并持续 3 d 或以上,闽西北大多处于等温线 12～16 ℃范围内;地面图上长江以北有一冷高压控制并持续 3 d 或以上,闽西北大多处于等压线 1012.5～1013.7 hPa 范围内。

(4)闽西北 21 个"五月寒"出现的天气型中,低涡冷切偏西型出现"五月寒"最多,达 9 个,其概括率为 42.9%,其次是切变偏西型,为 6 个,其概括率为 28.6%;低涡冷切适中型第三,为 4 个,其概括率为 19.0%,切变适中型最少,仅 2 个,概括率为 9.5%。

(5)2011 年"五月寒"出现的环流背景是:中高纬稳定的"两槽一脊型"环流形势,使冷空气沿着高压脊前偏北气流不断南下至闽西北,且长时间控制;高空槽、低层冷式切变和地面冷锋、冷高压等是此次"五月寒"天气产生的主要天气系统。

参考文献

[1]　林新彬,刘爱鸣,林毅,等.福建省天气预报技术手册[M].北京:气象出版社,2013:27.

[2]　鹿世瑾,王岩.福建气候[M].北京:气象出版社,2012:183.

[3]　叶榕生,林仙祥,黄一晶,等.福建重要天气分析和预报[M].北京:气象出版社,1989:225-230.

[4]　朱乾根,林锦瑞,寿绍文.天气学原理和方法.北京:气象出版社,1981:251-252.

The "Cold May" Weather Pattern in Northwest Fujian and Its Causation Analysis in 2011

ZHANG Dahua　　KUANG Meiqing　　QIU Zengdong　　SHEN Yongsheng
ZHONG Junlin　　WU Shan

(*Sanming Meteorological Office of Fujian Province, Sanming　365000*)

Abstract

　　Statistical analysis of the "Cold May" weather in the northwest Fujian (Sanming City and its dependent 11 counties) from 1959 to 2011 was carried out, and the temporal and geographical distribution characteristics of the "Cold May" weather were revealed. The 500 hPa, 850 hPa, and surface weather map data during this time period from 1959 to 2011 were explored, and a conceptual model on the northwest Fujian regional "Cold May" was put forward. On this basis, the relationship between "Cold May" and precipitation was further analyzed and a northwest Fujian "Cold May" weather pattern was summarized. Finally, the causes for regional northwest Fujian "Cold May" weather in May 2011 were analyzed.

重庆万州烤烟种植气候生态适宜性规律分析

张国春

（重庆市万州区气象局　万州　404000）

提　要

利用重庆市万州区近 30 年(1981—2010 年)历年整编资料及 20 世纪 80 年代初期山地立体气候考察资料，应用气候统计分析方法，分析了烤烟种植所需的光、温、水三大气候生态条件和不利气象因素，同时基于 GIS 技术制作出精细的烤烟气候生态适应性区划图。结果表明：烤烟生产对气象条件的要求非常严格，其产量特别是品质与气象条件关系十分密切。烤烟烟叶成长期平均气温 20～25 ℃，田间持水量 70％～80％，阳光充足并时遮时晒的气候生态环境对烤烟优质生产最有利。海拔高度 700～1500 m 范围都是烤烟生产的适宜栽培区，而海拔高度 900～1300 m 地带则是发展烤烟生产的最适生态环境。

关键词　烤烟　种植　气候资源　生态分区

0　引　言

万州区位于三峡库区腹心，长江横贯全境，属川东平行褶皱地带，海拔最高 1762 m，最低 107.5 m，地貌主要由河谷阶地、浅丘平坝、深丘低山等单元组成。土壤可分为 4 大类，以紫色土为主。万州区属北回归线以北暖湿亚热带东南季风气候区。据万州 50 年气象资料统计，海拔 400 m 以下年平均温度 18.1 ℃，最热月份为 7 月，平均温度为 28.6 ℃，最冷月份为 1 月，平均温度为 6.7 ℃。夏季积温增长快，热量丰富，降水集中，雨热同季。万州具有悠久的种烟历史，曾是全国唯一的优质白肋烟基地县，现仍是全国三大白肋烟产区之一，烟区主要集中在南北两岸，植烟土壤多分布在山地和丘陵。烤烟生产对气象条件的要求非常严格，其产量特别是品质与气象条件关系十分密切。本文对烤烟的气候适应性进行较系统分析，为在适宜区内发展烤烟生产，提高烟叶产量、质量和生产效益提供气候依据。

1　资料与方法

选取重庆市万州区近 30 年(1981—2010 年)历年整编资料中的平均气温、最高气温、

作者简介：张国春(1971－)，男，重庆市开县人，工程师，从事生态与农业气象服务工作；E-mail：zhanggc0215@126.com。

最低气温、雨量、日照等气象资料和近几年的观测资料;20世纪80年代初期万县地区山地立体气候考察资料(主要为1983年1、4、7、10月铁峰山坡面资料),资料来源于历史档案及万县地区农业区划(1987年版)、大田调查资料和重庆烟草公司万州分公司提供的万州区烟叶种植资料。

气象资料分析法采用滑动平均、积温累加、数理统计、概率学筛选等方法;根据山地立体气候考察资料,分析气候随高度变化规律。

2 结果与分析

2.1 烤烟生育期间的气候条件分析

根据调查,万州烤烟种植主要分布在普子、白土、恒合、梨树、罗田、走马、弹子、余家、孙家、分水、郭村、响水等12个乡镇71个村。万州区烟叶种植现状(2009年)如图1所示。

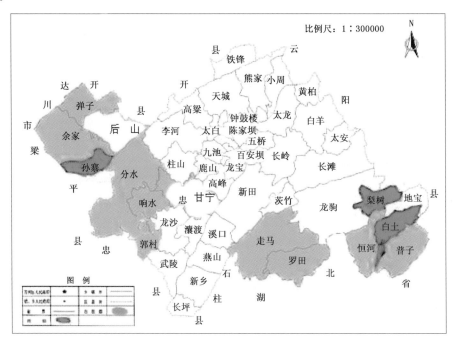

图1 万州区烟叶种植现状分布图(深绿色为烤烟种植重点区,绿色为烤烟、白肋烟种植区)

(1)热量

烤烟、白肋烟属于喜温作物,白肋烟除对温度的需求稍低外,对其他气象条件的需求与烤烟基本一致。当气温低于8℃即停止生长,2~3℃遭受冻害,以25~28℃时最为适宜,移栽期要求日平均气温≥12℃,大田移栽至成熟期需≥10℃活动积温2200~2600℃。烤烟质量与其成长期的温度关系密切,以20~25℃对烤烟优质最有利[1]。

根据20世纪80年代初期山地立体气候考察资料和万州区气象局近30年历年整编资料分析,按照气温随高度的变化规律:本区海拔高度800 m以下地带,7、8月平均气温可达25℃以上,活动积温(指稳定通过12℃初日至8月底,下同)在3000℃·d以上,这对于促进烟株生长、增大营养体、提高总产量很有利,但海拔高度800 m左右地带也可能出现35 ℃以上的高温天气,会使烟叶组织粗糙、冲淡香气,降低品质。海拔高度1300 m以上的高海拔地带,7、8月平均气温低于22 ℃,活动积温少于2400 ℃·d,平均气温>20 ℃的天数较少,气温偏低,生长发育迟缓,烟叶常贪青不熟,烟叶采收期偏迟,一些年份难以在秋季绵雨来临前将烟叶采收完毕。而万州区海拔高度900~1300 m的地带,烟苗可植期在4月中旬—5月上旬,活动积温在2400~3000 ℃·d,7、8月平均气温为21~25 ℃,无极端最高气温>35 ℃的高温危害,为这一区域种植烤烟、白肋烟提供了十分适宜的温度条件,是万州区烤烟种植的最适生态环境。

（2）降水

优质烤烟生长要求适宜的水分条件,以田间持水量的70％~80％为宜。若降水过多,则根系发育差,叶片徒长纤弱、易枯黄,且易染病害;若降水过少,土壤干旱,不仅植株矮小,出现早衰,影响产量,而且烟叶粗糙,质味下降。万州区常年5、6月份雨水较多,田间湿度大,是烤烟生长的不利因素,而7、8两月多年平均降水量虽较丰富,但由于时段分配不合理,加上年际之间波动较大,常有伏旱发生。海拔高度800 m以上地带,6—8月常年雨量有600~700 mm,盛夏伏旱因降水量的增多而大为减轻,对旺长至叶片成熟有利,特别是海拔高度1000 m左右的山地,7、8月份降水量为350~400mm,为烟叶正常生长、减轻辛辣味、提高品质提供了良好的水分保证。

（3）光照

烤烟需要充足的阳光,但又忌过分强烈的阳光暴晒,以时遮时晒最为适宜。光照不足,植株叶肉细胞分蘖缓慢,叶肉变薄,干物质少,香气不浓,易生病害;光照过强,叶片栅栏组织和海绵组织细胞壁加厚,使叶厚而粗糙,形成粗筋暴叶。本区海拔高度800~1500 m南北山地,6—8月总日照时数有500~550 h,加之山地盛夏正午对流云发展旺盛,云块随风飘移,使光照强度较大的中午日照大为减弱,正好形成时遮时晒的有利生态环境。此外,高海拔山地盛夏空气湿度较大,容易形成对烤烟生长十分有利的大晴大露天气。

2.2　烤烟种植不利气候条件

（1）初夏及初秋雨水偏多

万州每年5、6月份为烤烟、白肋烟的活棵期,适宜的降水对增加土壤墒情,促进烟苗生根活棵有利。但本地5、6月份历年降水量接近400 mm,降水过多,导致移植苗伸根期呼吸不畅,光合势弱,根系发育差。根据资料分析,万州秋季发生阴雨的频率为38％,每年9、10月份多绵雨、阴雨寡照天气,不利于烟叶采收、烘烤和晾晒。

（2）干旱

根据重庆市地方标准《气象灾害标准》DB50/T 270—2008规定,干旱可分为春旱、夏旱、伏旱、秋旱、冬旱,伏旱指发生在6月下旬至9月上旬的干旱[2]。根据近30年资料分析,万州6月下旬—9月上旬出现干旱的频率高,伏旱出现频率为60％,其中一般伏旱频率为25％,严重伏旱频率为35％,因此对于正处于旺长期的烟叶是致命的打击,导致烟叶不能正常生长和成熟,上部叶不能正常开片,给烤烟生产带来了极大的困难,特别是北岸烟区,海拔相对较低,受小气候影响,春旱（严重春旱发生频率为25％）、伏旱较为严重,对烟叶育苗和烟叶旺长影响很大。随海拔高度的递增,干旱强度虽然有减弱的趋势,但对烤烟的影响仍不可忽视。7—8月份盛夏高温季节,高温干旱天气将抑制生长发育,减少干物质的积累,顶叶枯边焦尖,降低烟叶产量和品质。

根据近年烟叶产量情况(表1),结合近30年历年整编资料发现:1990年、1992年、1994年、1997年、2001年、2006年、2011年万州区伏旱达重旱标准,烟叶产量也相对较低。

表1　重庆市万州区烟叶面积、产量表(面积:亩[①];总产:担[②];单产:斤[③]/亩)

年份	1990	1991	1992	1993	1994	1995	1996	1997	1998	1999	2000
面积	35000	27849	29235	14763	2540	2150	8500	11802	7230	6101	6254
总产	69000	56438	58470	30203	5000	4600	17050	23425	15400	12900	12830
单产	197	203	200	205	197	214	201	198	213	211	205
年份	2001	2002	2003	2004	2005	2006	2007	2008	2009	2010	2011
面积	5523	8000	6913	9050	11094	12000	32956	23541	37990	18715	25076
总产	10806	19490	12377	17575	21399	17304	11000	68291	125999	52993	67199
单产	196	244	179	194	193	144	299	290	331	283	267

(3)风雹

根据资料分析,万州1951—2000年发生冰雹96次,平均每年1.9次。山区3—9月,每年将发生3~4次局地风雹灾害,一旦发生,烟叶将出现严重的机械损伤,大量减产甚至绝收。

2.3　烤烟气候生态分区

综上所述,万州海拔高度700~1500 m范围都是烤烟生产的适宜栽培区,而海拔900~1300 m地带则是发展烤烟生产的最适生态环境。

根据分析20世纪80年代初期山地立体气候考察资料和1987年版《万县地区农业区划》资料分析发现,在丘陵山地中,表现最突出和对烤烟生产影响最大的因子还是温度,随高度的变化而呈现出规律的更替[3],因此,可用温度、热量作为分区的主导指标:$\sum T$(稳定通过12 ℃初日至9月底的活动积温);N1(平均气温>20 ℃的持续天数),N2(平均气温>25 ℃的持续天数)。根据海拔高度划分后,结合不同海拔高度烟区气候生态环境推算出主导指标。

用上述指标,可将万州丘陵山地划分成3个烤烟、白肋烟气候生态种植区(表2)。

表2　烤烟、白肋烟气候生态分区及指标

种植区名	气候区名	海拔高度(m)	主导指标		
			$\sum T$(℃·d)	N1(d)	N2(d)
烤烟适宜区	深丘谷地温和湿润区	700~900	3600~3900	100~120	10~50
烤烟最适宜区	低中山台地温凉湿润区	900~1300	2900~3600	60~100	0~10
烤烟适宜区	中山冷凉潮湿区	1300~1500	2500~2900	30~60	0

同时,基于GIS技术制作出精细的烤烟气候生态适应性区划图(图2、图3)。

---

① 　1亩=1/15 hm²;②1担=50 kg;③1斤=0.5 kg。

图 2   重庆市万州区烤烟区划(色斑图)

图 3   重庆市万州区烤烟气候区(立体图)

3   结论与讨论

(1)根据气候规律合理布局烤烟是高产优质的基础。烤烟烟叶成长期平均气温20～

25 ℃,田间持水量70%～80%,阳光充足并时遮时晒的气候生态环境对烤烟优质生长最有利。根据气候规律,进一步调整布局,尽量把烤烟生产安排在海拔700～1500 m的适宜区,并向海拔900～1300 m的最适栽培区集中,为烤烟生长发育提供最佳生态环境。

(2)依据气候规律和烤烟生长发育特点,将烤烟、白肋烟叶片生长期安排在光温适宜的7、8月份,把采烤期安排在光温最佳时段是高产优质的重要环节。

(3)气候生态分区以温度、热量作为分区的主导指标,便于统计和计算,可操作性强。值得指出的是,因复杂的地形因子影响,同海拔的不同地域,其气象要素有所出入,所以,上述分区的不同地域,其海拔界限亦会有所出入。另随着气候变暖趋势发展,烤烟适宜种植区的海拔高度在满足气候生态环境、种植土壤等条件下亦有升高趋势。

(4)采取温室大棚育苗或地膜肥球育苗是抗御低温培育壮苗的有效措施。实行保护性栽培,是提早移植、防止低温危害和躲过秋绵雨危害的有效措施。

(5)加强管理,排湿抗旱。万州烤烟栽培区,5—6月雨水明显偏多,对烟苗生长不利,生产上要注意清沟排湿;另外,海拔800～900 m地带,盛夏7、8月常有伏旱发生,对烟叶生长也有不利影响,因此,在搞好清沟排湿的同时,要尽量选择土层深厚的地境种植。

(6)加强烟水、烟路、烟炮等基础设施建设,改善烟草种植条件,增强防御自然灾害的能力。

参考文献

[1] 王恩沛.优质烟叶生产规范[M].四川:四川科学技术出版社,1993:89-96.

[2] 重庆市质量技术监督局.重庆市地方标准《气象灾害标准》DB50/T 270-2008.北京:气象出版社.2008年8月第1版.270-2008.

[3] 万县地区农业区划.1987年版.2-8.

Analysis on the Climate, Ecology, and Variation Regularity for Flue-cured Tobacco Cultivating in Wanzhou of Chongqing

ZHANG Guochun

(*Wanzhou District Meteorological office*, *Chongqing*　404000)

Abstract

With reference to the data compiled over the recent 30 years (1981—2010) in Wanzhou District, Chongqing, and the vertical climate information in the mountain area by the investigation in the early 1980s, and by use of the climate statistic analysis method, the three main climate conditions, i. e. the light, temperature and water, needed in tobacco cultivation and the unfavorable meteorological factors are analyzed. And a more-refined region map is drawn for the tobacco climatic and ecological adaptability based on the GIS technology. The result indicates as follows: Strict climate conditions are required in flue-cured tobacco manufacturing. It has a very tight connection among the output, especially the quality, and the meteorological conditions. The average tempreature should be kept between 20—25 ℃ in the growth period of the flue-cured tobacco，and the water-holding capacity should be 70%—80% in the field. Sunny or by turns sunny and cloudy climatic ecological environments are most beneficial for producing the flue-cured tobacco with high quality. Areas at the altitudes of 700—1500 m are suitable for planting，while those at the altitudes of 900—1300 m are the most favorable ecological environments for the development of the flue-cured tobacco manufacuring.

台风"菲特"影响浙江义乌市的预报与服务评估

赵贤产　符仙月　吴　波

(浙江省义乌市气象局　义乌　322000)

提　要

台风"菲特"虽在浙闽交界的福鼎登陆,但大风和强降水主要出现在浙江省境内,给地处浙江省中部的义乌市开展预报服务带来一定的难度。对台风进行预报服务等各方面评估,极有助于提升应对台风的防御水平。通过预报与服务评估认为,对台风"菲特"的预报准确性和及时性比过去有一定的提高,但还有一定的不足之处,气象服务的效果比以往较好,但仍有提升的空间。

关键词　台风"菲特"　预报服务　评估

0　引　言

2013年第23号台风"菲特"虽在浙闽交界的福鼎沙埕镇登陆,但其北侧云系范围宽广,登陆前的螺旋云带和登陆后的主体云系一直覆盖浙江省,大风和强降水主要出现在浙江省境内,后期还与高空槽引导北方冷空气南下与减弱的热带低压"菲特"系统共同作用,造成我国江淮及江南大部地区的强降水过程,特别是给浙江北部带来特大暴雨。

根据风雨强度、风暴潮及影响范围等综合评估,与登陆浙江省的台风相比,浙江省气象台气象灾害评估中心认为"菲特"综合影响强度排名第2位,次于5612号台风,略强于9417、9711、0414等历史特重影响台风,上述台风比"菲特"台风的大风影响范围大,但强降雨范围及强度则弱;在登陆浙江以外的台风中,台风"菲特"影响浙江的强度为最强,且强于在福建连江登陆的6312号台风和6214号台风。据王海平等[1]的统计为近10年来单一台风造成的直接经济损失最重。

对影响浙江的热带气旋,王镇铭等[2]已经有了系统性论述。对台风导致的风雨成因分析方法,近年来都有不少成果,如任丽等[3]对台风"布拉万"引发大暴雨过程进行追踪和诊断分析时,就从大尺度环流背景、各物理量条件、卫星云图及地形特征等方面探究了其发生、发展的动力学、热力学和不稳定机制。杜惠良等[4]和郭荣芬等[5]研究指出,台风减弱后的残留低压与弱冷空气相互作用可造成大暴雨过程;刘晓波等[6]早就分析了台风"罗莎"引发上海大暴雨的成因,认为第1阶段暴雨是台风外围云系发展成中小尺度的云团产

作者简介:赵贤产(1958—),男,浙江义乌人,高级工程师,主要从事预报服务工作;E-mail:ywzxc2003@163.com。

生,第 2 阶段是冷空气与台风稳定降水;特别是周福等[7]系统性地研究了台风"菲特"减弱时浙江大暴雨过程的成因。这些有关台风风雨成因的分析也是今后做好台风预报服务的基础。

义乌市地处浙江省中部的金华市,有关台风路径与金华风雨特征方面虽然赵贤产进行过研究[8],但没有从预报与服务角度进行综合评估。这次台风"菲特"对义乌市的影响程度属中等,对当地也造成了一定的损失。作为最基层的气象台站,对类似这种台风影响前后的预报与服务过程进行各方面的综合评估,必将有助于提升应对台风的防御水平和预报与服务水平。

1 预报的准确性评估

1.1 台风路径预报的准确性评估

热带风暴"菲特"于 2013 年 9 月 30 日 20 时在菲律宾以东洋面生成后向西北偏北方向移动,10 月 1 日 17 时加强为强热带风暴,3 日 05 时加强为台风,4 日 17 时加强为强台风,以后强度稳定维持。5 日开始以西北偏西方向移动,7 日 01 时 15 分在登陆时强度仍为强台风级,近中心最大风力 14 级(42 m/s),中心气压 955 hPa。登陆以后朝西偏南并转西南方向移动,强度迅速减弱,于 7 日 07 时减弱为热带风暴(18 m/s),09 时在福建省建瓯市境内再减弱为热带低压,11 时停止编报(图 1)。

图 1　台风"菲特"移动路径与预报服务节点综合图

关于台风的路径,特别是异常路径分析及其预报诊断思路方面,陈宣淼等[9]曾采用计算台风流场非对称结构参数的方法,分析了台风"罗莎"的移动路径各时段中的台风流场结构变化和台湾岛地形对台风移动路径的影响,并认为:采用欧洲中期天气预报中心(ECMWF)数值模式的 700 hPa 24～48 h 预报流场的产品进行分析台风移动路径,已有成功的尝试。杨诗芳等[10]也曾在研究"莫拉克"台风异常路径原因及数值预报模式能力时认为,中央气象台预报的台风路径有较高的参考价值;浙江省气象台业务运行的中尺度模式 WRF 在所有数值模式中表现出最佳的预报性能;比较 ECMWF、日本气象厅两个国外数值预报中心对"莫拉克"台风的路径预报误差,总体来看,ECMWF 表现出较好的预报性能和稳定性,特别是长时效预报有较高的参考价值;我国中央气象台基于全球谱模式(T213,T639)对登陆地点的预报较好,但是路径预报存在较大的误差,与其他模式存在差距;GRAPES 区域模式无论是路径误差还是登陆地点的预报都与其他模式存在较大差距。

分析这次台风的路径预报,与上述结论有共同之处。从统计浙江省气象台等发报机构预报"菲特"登陆前后时次 10 月 7 日 02 时的误差表可知(表 1),美国联合台风警报中心(JTWC)24~72 h 预报误差最小,ECMWF 的 30 h 预报误差比美国 EP 和我国 T639 要小。所以,24 h 以上的预报中,JTWC 和 ECMW 的预报意见值得参考。

表 1　浙江省气象台等业务单位预报"菲特"2013 年 10 月 7 日 02 时的距离误差(单位:km)

预报时效 业务单位	6 h	12 h	18 h	24 h	30 h	36 h	48 h	72 h
省台主观	33.4		45.4					
省台集成	66.6		91.8					
中央台				77.6			103.5	338.7
日本主观				63.4			129.4	222.1
中国台湾				89.8			158.9	325
中国香港				49.5				
韩国				119.5			158.9	284.7
JTWC		97		29.8		79.3	59.7	185.1
NCEP	22.7		22.7		124.1			
T639	15.6		83.1		135.9			
ECMWF	22.7		42.8		113			

当然,分析这次台风路径所有时次的 24 h 路径预报误差、检验预报稳定性应该很有参考意义。统计浙江省气象台等业务单位的预报"菲特"24 h 路径误差可知(表 2),ECMWF 的 24 h 预报平均误差比其他各站都要小很多,预报的稳定性也最好。

表 2　浙江省气象台等业务单位预报"菲特"24 h 路径误差(单位:km)

时间 (月日时) 业务单位	093020	100108	100120	100208	100220	100308	100320	100408	100420	100508	100520	100608	平均
ECMWF	—	47	78	73	26	7	16	31	29	13	64	86	42.7
NCEP	149	97	24	94	54	85	98	53	22	38	38	48	66.7
日本	122	70	108	104	24	38	84	39	39	37	91	147	75.3
省台	—	—	—	66	55	23	61	37	32	29	34	142	53.2
省台集成	102	64	63	39	33	52	93	75	48	24	22	74	57.4
中央台	54	42	91	66	55	0	51	37	30	41	45	112	52.0

ECMW 在台风起始加强与临近登陆的减弱阶段预报平均误差是较大的,名次排列在浙江省气象台集成预报之后。其次是中央台的预报平均误差也较小,但预报平均误差波动性也较大。所以,24 h 的预报中,欧洲中心的预报意见值得参考。

如果分析这次台风路径的不同起报时间的 24 h、48 h、72 h 路径预报误差,也可以从另外角度来检验路径预报的稳定性。统计浙江省气象台等业务单位 3 日 20 时至 6 日 08 时起报的"菲特"24 h、48 h、72 h 路径预报误差可知(表 3),ECMWF 的预报平均误差最小名次都排列在其他各站的前列。

从以上各数值预报产品综合分析这次台风的路径预报看来,欧洲数值预报较为准确,提前 3 天报准,日本预报的位置却偏南很多,直到 5 日预报才趋于一致(图 2)。

表 3　浙江省气象台等业务单位不同起报时间的 24 h、48 h、72 h 路径预报误差(单位:km)

时间 业务单位	100320			100408			100420		100508		100520	100608
	(24 h)	(48 h)	(72 h)	(24 h)	(48 h)	(72 h)	(24 h)	(48 h)	(24 h)	(48 h)	(24 h)	(24 h)
省台主观	93.3	132.5	165.3	75.3	32.1	104.6	48.9	66.8	24.4	59.6	22.8	74.5
省台集成	61.3	131.6	—	37.7	131.4	—	32.2	127.7	29.9	187.3	34.8	142.5
中央台	51.1	143.3	340.7	37.7	134.6	428.5	30.2	104.3	41.6	187.3	45.6	112.8
日本主观	84.4	60.1	155.7	39.1	71	195.7	39	82.6	37.4	155.2	91.2	147.9
中国台湾	53.3	77.9	208.6	24.5	74.8	250	30.2	59.6	69.7	177.6	22.8	155.2
中国香港	69.9	44.5	56.5	78.6	83.6	141.2	60.1	111.9	33.4	66.6	9.9	118.3
韩国	52.3	32.2	210.7	32.4	128.7	373.4	37.6	101.9	80.4	195.7	49.7	86.1
关岛	72.5	59.2	219.5	61.4	166.2	304.4	91.3	188.8	55.7	133.9	22.3	77
NCEP	98	92.9	200.4	53.9	83.5	124	22.3	83.4	39	82.6	38.9	48.8
T639	151.4	214.7	226.2	29.1	129.3	454.8	30.7	118	71.4	338.7	75.6	200
欧洲中心	16.3	5.6	73	31.4	25.6	217	29.4	30.5	13.4	31.1	64.1	87
日本客观	171.7	317.3	390	129.1	165.7	271.5	92.9	238.9	39	69.7	29.8	170.4

1.2　台风风雨影响程度预报的准确性评估

受"菲特"影响,义乌市普降暴雨,大部分地区有大暴雨,全市面雨量达 114.5 mm。过程最大降水量为大陈镇八都站的 184.1 mm(图 3);降水过程从 5 日 21 时之后开始出现阵雨,第一波明显降水出现于 6 日 15—20 时的北部大陈镇;全市范围强降水主要集中在 6 日 20 时—7 日 16 时。过程最大风力出现在义乌本站达 8 级(19.5 m/s),17 m/s 大风出现时间从 7 日 00 时 31 分开始至 06 时 29 分结束,持续近 6 h。

受地形影响,北部和南部山区过程雨量各有超过 200 mm 的站点。以上风雨实况与义乌历史上有气象记录的台风影响程度相比,受"菲特"影响程度属中等。

对于台风雨量预报方面,庄千宝等[11]曾对比分析了路径和强度相似、登陆地点相近、登陆后移动方向也相同,而产生降水强度有明显差异的情况,认为台风暴雨发生机制很复杂,并非单一模式能报准,如大暴雨过程并不一定都满足倾斜涡度发展理论所推得的这一强降水的判据,若具备其他有利条件,仍有发生大暴雨的可能。陈国良等[12]也研究了两

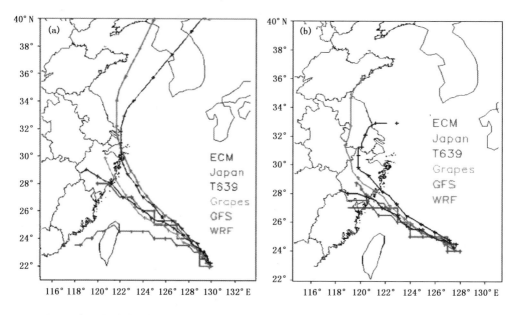

图 2　各业务单位的台风路径的数值预报图(a)2013 年 10 月 4 日 08 时;(b) 5 日 08 时

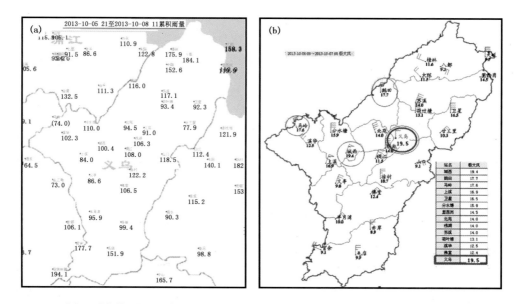

图 3　"菲特"影响义乌的(a)过程雨量(单位:mm)、(b)大风(单位:m/s)分布图

个相似路径台风降水分布差异及原因,认为:台风与环境场的相互配置是造成两个台风降水差异的原因,特别是冷空气的影响状况是这两次相似路径台风对浙北造成不同影响的主要原因。

　　分析这次台风的雨量短期预报,从各单位数值预报来看,3 日起多家数值预报产品预报都比较准确。其中,3 日 20 时起报的 ECMWF 数值预报 6 日夜里的义乌雨量较为准确,实况普降 50～100 mm;3 日 20 时起报的 ECMWF 数值预报 7 日白天雨量明显偏大(图 4),实况除义乌南部地区局部出现 50 mm 之外,大部分地区只有 25 mm 左右。

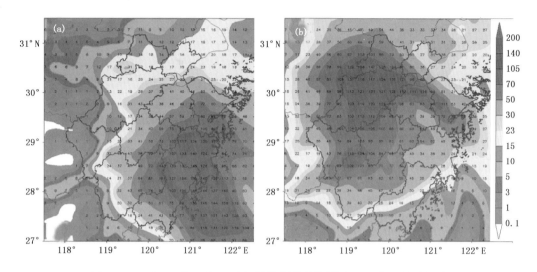

图 4　2013 年 10 月 3 日 20 时起报的欧洲数值预报 12 h 总雨量预报图
(a)6 日 20 时—7 日 08 时;(b)7 日 08—20 时

经检验多家模式不同时次对"菲特"的雨量预报和实况也可以看出(表 4),ECMWF 对义乌的雨量预报误差最小且稳定,日本模式和 T639 预报效果较差。ECMWF 临近预报时次对雨量调整较大,5 日 20 时的预报 6 日 20 时—7 日 08 时的雨量不如 4 日 20 时的预报,但是对 7 日 08 时—7 日 20 时的雨量预报又接近于实况。另外,浙江的快速更新同化数值预报(ZJ—warms)由于同化了雷达、卫星等数据,预报准确率也较高。

表 4　"菲特"台风影响下义乌站雨量预报和实况检验 (单位:mm)

起报时间	预报或实况						检验结果(预报减实况)					
	3 日 20 时		4 日 20 时		5 日 20 时		3 日 20 时		4 日 20 时		5 日 20 时	
预报时效 (日时)	0620— 0708	0708— 0720	0620— 0708	0708— 0720	0620— 0708	0708— 0720	0620— 0708	0708— 0720	0620— 0708	0708— 0720	0620— 0708	0708— 0720
EC	47	88	71	50	113	27	−16.6	77.8	7.4	39.8	49.4	16.8
日本	0	0	5	7	95	81	−63.6	−10.2	−58.6	−3.2	31.4	70.8
T639	13	15	67	32	144	31	−50.6	4.8	3.4	21.8	80.4	20.8
WRF	38	82	35	4	/	/	−25.6	71.8	−28.6	−6.2	/	/
NCEP	8	1	69	15	25	9	−55.6	−9.2	5.4	4.8	−38.6	−1.2
ZJ—warms	/	/	109	24	60	33	/	/	45.4	13.8	−3.6	22.8
实况	63.6	10.2	63.6	10.2	63.6	10.2	/	/	/	/	/	/

分析这次台风的雨量短时预报,只能通过分析多普勒雷达资料的应用技术,才能及时发布台风预警信号和提高防台能力。如金巍等[13]利用新一代多普勒雷达资料,认为强降水发生时,特大暴雨落区不断有新的中尺度对流单体生成,35 dBz 回波反射率因子高度达到 5 km 以上,低空 1.5～2.4 km 高度径向速度有 24 m/s 的最大风速区存在,回波强度超过 40 dBz 的长时间影响本地是产生特大暴雨的原因。这次台风影响义乌雨量最大的是大陈镇,就是不断有超过 35 dBz 雷达回波强度影响的缘故,实况符合金巍等的研究

结论。如6日10时(图5a)和11时(图5b)的华东雷达组网拼图可知,台风最外围的对流性雨带即外辐合带不断有一排一排地西移,在10时的超过35 dBz雷达回波强度的外辐合带B影响义乌地区后处于减弱之时,外辐合带C正在影响着义乌地区;在11时的外辐合带C影响义乌之后处于减弱之时,外辐合带D又将向义乌地区方向移来,在较长时间影响下而形成暴雨。

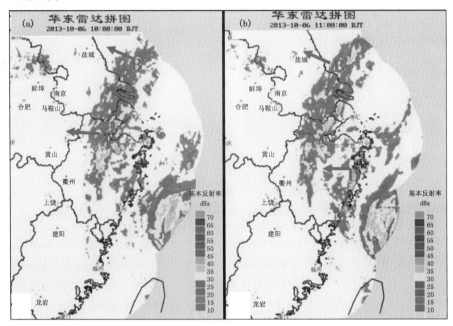

图5 2013年10月6日10时(a)和11时(b)华东雷达组网拼图

义乌历史相似路径的台风个例中,发现10月份影响义乌的秋季台风仅6个,对义乌的风雨影响均较大,特别是6126号和0716号台风均在10月上旬登陆于浙闽交界处以北,影响义乌的过程降水量均达50~200 mm,甚至日雨量也有50 mm并伴有8~9级大风;其他4个台风如6217号、6423号、7513号和0519号虽登陆于浙闽交界处以南,在10月上旬影响义乌时也有50 mm左右的过程降水量和7~8级风力(表5)。

表5 秋季台风(10月份)影响义乌的风雨程度表

台风编号	名称	影响时段(日期)	最强风力(等级)	最大中心气压(hPa)	登陆地点	登陆时风力(等级)	登陆时中心气压(hPa)	影响风雨程度(风力等级/mm)
6126		3—5日	17	933	浙江海门	13	960	8~9/50~100
6217		3—4日	15	951	广东惠来	11	978	7~8/40~60
6423		13—15日	14	975	广东大埔	12	980	7~8/60~100
7513		6—7日	12	968	广东镇海	12	970	7~8/50~70
0519	龙王	2—3日	16	935	福建晋江	12	975	7~8/20~40
0716	罗莎	6—9日	16	925	浙闽交界	12	975	8~9/140~200
1323	菲特	6—7日	14	945	浙闽交界	14	955	8~9/80~200

当然,查询历史相似路径台风个例,最好应用先进的科学技术方法。如鲁小琴等[14]研究的环境场相似检索方法,通过比较欧氏距离、相似离度、相似系数、相关系数及最优相似系数等作为气象格点场相似性度量的适用性,认为以"距离"为主的算法无法准确地反映环境场中的一些特定系统的位置和强度,相似检索效果较差;而相似离度、相似系数、相关系数及最优相似系数可分别考虑两个场之间的形状和强度、空间分布及变化趋势,能找到较相似的场;再通过相似环境场检索,能找到由相似环境场所对应的相似历史台风,并依据不同度量性指标得到一个历史相似台风集。该方法值得业务人员应用。

2　预报的及时性评估

10月5日11时发出第一份《气象信息(特刊)》"台风'菲特'消息",预计6日夜里到7日上午在浙江东南沿海一带登陆;义乌市将有大到暴雨,局部大暴雨,风力5～6级,阵风8～9级。6日上午10时10分发布台风黄色预警信号(比实况出现的提前时间达6小时50分),11时发出《重要天气情况汇报》材料——"菲特"强台风警报,预计6日后半夜到7日凌晨在浙南沿海登陆,将有大到暴雨,局部大暴雨,风力5～6级,阵风8～9级。16时及时发布警报,预计6日后半夜到7日早晨在浙南到闽北沿海登陆,将有暴雨,局部大暴雨,"过程雨量80～120 mm,局部150 mm以上,过程平均风力可达阵风8～9级"。7日08时发布台风消息,通报"菲特"登陆时间地点、义乌市已受台风影响的风雨程度以及台风影响将进一步减弱的情况。

比较近年来的几次台风预报服务过程,"菲特"的预报及时性并不是十分到位(表6)。除"苏力""苏拉"无明显灾情之外,"菲特"的预报及时性比"海葵"要好一些。这次过程中若在6日上午的预报材料里就提出具体的雨量范围,将更利于地方领导的提前准确决策;至6日下午才提供具体的雨量范围,当天晚上就出现了暴雨,服务的及时性就欠妥。

表6　近期台风预报服务时间节点表

台风	首次发布消息	首次发布警报	首次提出风雨量级	首波降水	首波大风
1323"菲特"	10月5日11时	6日11时	6日16时	6日15时	7日00时31分
1307"苏力"	7月11日11时	—	12日15时	13日15时	13日12时23分
1211"海葵"	8月6日09时	6日14时30分	6日14时30分	6日14时	8日01时30分
1209"苏拉"	7月31日10时	8月1日15时	1日15时	2日08时	无大风

3　气象服务覆盖率评估

在应对这次台风过程中,气象台、观测站业务人员24 h值守班,并密切监视天气变化,每天均收听收看全国、省局和市局视频天气会商,特别关注中央台的加密视频天气会商。减灾科人员及时抢修电子显示屏,近50块电子显示屏均能运行正常;共制作《台风报告单》13份,所更新的台风动态及时发布到市委市政府和防汛办等相关部门,并通过电子显示屏、短信、传真、电视、电话或传真、96121声讯电话、网站、广播电台、电视台、报纸、QQ、微博等多种渠道和途径,向地方政府和各相关部门、媒体传送气象预报预警信息。

发送各类服务短信 11 次,共计约 26336 条;其中,为农服务短信 1 次,地质灾害短信发送 1 次,微博信息更新 7 次,转发协理员上报信息 3 条;声讯 96121 拨打量 5194 次,气象网站点击数达 60120 次,新闻媒体采访 4 次;预警信息广播电台发布 30 次。

比较近年来的几次台风预报服务过程,"菲特"的气象服务增加了 QQ、微博等新渠道和途径,做到民众收听收看气象信息的广泛性,气象服务效果还是比较明显。

4 政府及有关部门对气象信息的反馈性评估

"菲特"气象服务期间,发出决策服务材料有《重要天气情况汇报》3 期、《气象信息特刊》1 期、《台风报告单》13 期。事后市政府防汛部门的总结认为,这些材料分析详细,对台风影响过程的降水量级和风力大小都给出了科学准确预测,切实为市政府防汛抗台决策指挥提供了及时、有效、准确的重要参考材料,被评为防汛抗台"先进集体"。

5 决策部门与社会的响应性评估

在气象部门及时提供决策材料的情况下,当地政府和有关部门采取了一系列防台措施,具体措施比较到位。

一是动员部署较全面。如 5 日 16 时及时召开全市防台协调会,各级各部门明确了责任,部门一把手即刻停止休假立即到岗并开展防台安全大排查,密切防范台风影响前的 24 h;加大了防台宣传力度,广泛告知市内群众和即将返程的市民做好防台准备;加大隐患排查力度,如对山洪地质灾害易发区进行重点排查;各水利工程巡查员也即刻到位开展水利工程安全巡查;全市各广告路牌、高空施工等以防生产安全事故,为切实保障市民的生命和财产安全尽最大能力。

二是防台检查较到位。6 日上午,全市组成 6 个工作组分赴各镇、街道进行防台检查。各地主要领导和分管领导均到岗到位,并召开了防台会议进行工作部署,均对辖区内重点区域、重点部位和薄弱环节进行了安全检查,抢险队伍和防汛物资均准备充分,责任人都已到岗到位。

三是启动应急响应较及时。从市气象台 6 日 10 时 10 分发布台风黄色预警信号,就根据《义乌市防汛防旱应急预案》的规定于 11 时启动了防台风Ⅲ级应急响应。

四是做好了人员转移。各镇、街道对辖区内危房、山洪地质灾害易发区等重点区域进行了全面排查后,就对相关人员进行了转移安置。

五是强化了防台值班责任。全市上下迅速从国庆放假状态调整到全力防御台风的紧急状态。市防指各成员单位强化了防台值班,实行 24 h 值班制度,保持 24 h 手机电话畅通,全天接收防台信息,能及时处置各类紧急情况。

6 气象服务效果评估

据义乌市防汛部门统计,受"菲特"影响,苏溪、大陈、义亭、上溪这 4 个镇区的灾情最重,受灾人口 20000 人,房屋倒塌仅大陈镇宦塘村 4 间,直接经济总损失 320 多万元。无人员伤亡报告。

以上受灾程度与同属中等(略偏弱)的1211号"海葵"台风相比,受灾人口减少三分之二(无人员伤亡报告),倒塌房屋数减少94%,直接经济损失减少97%,大幅度减少了各种灾害损失,说明气象服务与防灾效果较以往好。

7 小 结

作为最基层的气象台站,及时总结经验与不足,特别是对台风影响前后的预报技术与服务过程进行各方面的综合评估,必将有助于提升应对台风的防御水平和气象服务水平。

(1)在天气形势复杂和各数值预报分歧较大的情况下,台风的路径预报难度很大,移向的预报不断往偏南方向调整之时,如上级的路径动态指导预报能做到及时更新、调整,将是对县级基层台站做好预报服务的前提。这次台风过程中若在6日上午的预报材料里就提出具体的雨量范围,将更利于地方领导的提前准确决策。

(2)检验各家数值预报认为,欧洲数值路径预报较为准确地预报提前时间最长,能提前三天报准;而日本预报的位置一直偏南,只能提前两天之内报准;其他各家的预报准确性和稳定性均较差。雨量预报中,欧洲数值预报能提前两天准确预报出暴雨;其他各家的准确性、稳定均较差。

(3)在气象部门及时提供准确的决策材料情况下,当地政府和有关部门采取一系列防台措施,确保了人民群众生命财产和交通安全、减低或避免台风带来损失的前提。

(4)及时了解掌握历史台风及其影响概况,综合评估各次台风预报服务情况,必将有助于做好气象服务的各项工作。

参考文献

[1] 王海平,高拴柱. 2013年10月大气环流和天气分析[J].气象,2014,40(1):126-131.

[2] 王镇铭,杜惠良,杨诗芳. 浙江省天气预报手册. 北京:气象出版社,2013:51-128.

[3] 任丽,王承伟,张桂华,等. 台风布拉万(1215)深入内陆所致的大暴雨成因分析[J].气象,2013,39(12):1561-1569.

[4] 杜惠良,黄新晴,冯晓伟,等. 弱冷空气与台风残留低压相互作用对一次大暴雨过程的影响[J].气象,2011,37(7):847-856.

[5] 郭荣芬,肖子牛,鲁亚斌. 登陆热带气旋引发云南强降水的环境场特征[J].气象,2013,39(4):418-426.

[6] 刘晓波,邹兰军,夏立. 台风"罗莎"引发上海暴雨大风的特点及成因[J].气象,2008,34(12):72-78.

[7] 周福,钱燕珍,朱宪春,等. "菲特"减弱时浙江大暴雨过程成因分析[J].气象,2014,40(8):1930-939.

[8] 赵贤产. "海棠""麦莎""泰利""卡努"的路径与金华风雨特征分析[J].浙江气象,2006,27(2):1-6.

[9] 陈宣淼,庄千宝,叶子祥. "罗莎"(0716)异常路径的分析及其预报诊断思路的探讨[J].浙江气象,2009,30(3):4-10.

[10] 杨诗芳,潘劲松,郝世峰,等. "莫拉克"异常路径分析及预报[J].浙江气象,2011,32(2):3-8.

［11］庄千宝,叶子祥,余贞寿. "海棠""凤凰""诺瑞斯"登陆后不同暴雨强度的对比分析[J]. 浙江气象, 2011,**32**(1):11-17.

［12］陈国良,顾丽华. 相似路径台风"森拉克"与"蔷薇"降水分布差异及原因分析[J]. 浙江气象,2011, **32**(2):15-20.

［13］金巍,曲岩,戴萍,等. 台风"梅花"引发局地特大暴雨的多普勒雷达分析[J]. 气象,2013,**39**(12): 1591-1599.

［14］鲁小琴,余晖,赵兵科. 热带气旋环境场相似检索方法的对比分析[J]. 气象,2013,**39**(12): 1609-1615.

An Assessment of Typhoon Fitow Forecast and Service in Yiwu, Zhejiang Province

ZHAO Xianchan   FU Xianyue   WU Bo

(*Yiwu Meteorological Office of Zhejiang Province, Yiwu   322000*)

Abstract

Typhoon Fitow made landfall in Fuding City, but it brought with strong winds and heavy rain to Zhejiang Province, therefore it's difficult to forecast and service in Yiwu. An assessment of typhoon Fitow forecast and service would be very helpful for improving the ability of defensing typhoon. The results suggest that forecast accuracy and timeliness of typhoon Fitow have been improved, but there are still a lots of shortages. Although the weather service effect is better than before, there is still room for improvement.